“En vérité, il est possible d’atteindre Mars depuis au moins trente ans.” **Stephen L Petranek**

Comment nous vivrons sur Mars

Stephen L. Petranek

TED

MARABOUT

Je veux que les Américains remportent la course pour le genre de découvertes qui créent des emplois… allant plus loin dans le système solaire pas seulement pour visiter, mais pour y rester. Le mois dernier, nous avons lancé un nouveau vaisseau dans le cadre d'un programme spatial redynamisé qui enverra des astronautes américains sur Mars.

Président Barack Obama,
discours sur l'état de l'Union, 20 janvier 2015

TEDBooks

Publié pour la première fois aux États-Unis en 2015 sous le titre *How we'll live on Mars*, par Simon & Schuster.

Traduction : Dominique Brotot
Portrait auteur : droits réservés
Photo pages de garde : © TED
Photo de couverture : Daniel Kaesler/Alamy

SOMMAIRE

INTRODUCTION		VI
CHAPITRE 1	*Das Marsprojekt*	1
CHAPITRE 2	La grande course du privé	10
CHAPITRE 3	Les fusées, c'est délicat	16
CHAPITRE 4	Grandes questions	22
CHAPITRE 5	L'économie de Mars	27
CHAPITRE 6	Vivre sur Mars	36
CHAPITRE 7	Transformer Mars à l'image de la Terre	53
CHAPITRE 8	La prochaine ruée vers l'or	69
CHAPITRE 9	L'ultime frontière	75
REMERCIEMENTS		78
CRÉDITS PHOTOGRAPHIQUES		78

INTRODUCTION

Le rêve

Une prédiction :

En l'an 2027, deux vaisseaux spatiaux aux lignes élégantes baptisés *Raptor 1* et *Raptor 2* atteignent finalement Mars, se glissant en orbite après un voyage épuisant de deux cent quarante-trois jours. 50 % des habitants de la Terre, selon les estimations, regardent la descente de *Raptor 1* vers la surface, pour certains sur d'immenses écrans LCD installés en plein air. En cette conjonction des deux orbites, les signaux mettent environ vingt minutes pour rejoindre la planète mère, ce qui place les spectateurs dans une étrange distorsion du temps et de l'espace. Ils voient le vaisseau approcher du sol martien, mais les quatre astronautes à son bord ont peut-être déjà perdu la vie si un accident s'est produit.

Près d'une décennie d'attente se condense en cet instant : l'astronef perd lentement de l'altitude, le souffle produit par ses rétrofusées soulevant un nuage de poussière rouge. Sur Terre, un présentateur rappelle au public haletant une conférence de presse donnée des années auparavant. Elle avait eu un retentissement mondial et plongé la NASA dans l'embarras. L'agence avait en effet besoin d'au moins encore deux ans avant de pouvoir tester son propre vaisseau pour un vol habité vers Mars alors qu'une société privée annonçait qu'elle entamait la construction d'une série d'énormes fusées de transport de passagers à destination de la planète rouge et que, d'ici dix ans, elle en aurait lancé une ou deux pour emmener les premiers êtres humains à s'y poser.

Pendant que *Raptor 1* se stabilise dans un vaste cratère proche de l'équateur, ses occupants se projettent mentalement. Le temps est précieux. Si le premier atterrissage se passe bien, *Raptor 2* suivra quelques heures plus tard avec davantage d'explorateurs. La première tâche à accomplir est le déploiement de l'habitat de camp de base qui fait partie de l'énorme cargaison des vaisseaux. Il faudra aussi gonfler des « bâtiments » – des dômes pressurisés taillés dans des matériaux exotiques qui augmenteront l'espace de vie et serviront de serre où cultiver des aliments.

Mars possède des similitudes environnementales avec la Terre. Le terrain y ressemble beaucoup à certaines zones terrestres – les vallées sèches de l'Antarctique ou les déserts d'altitude des volcans hawaïens. De nombreux autres facteurs posent des défis extrêmes. Bien que la journée martienne soit plus longue de trente-neuf minutes et vingt-cinq secondes que son homologue terrestre, l'année, elle, dure beaucoup plus longtemps, six cent quatre-vingt-sept jours, doublant la durée des saisons. En outre, la planète suit une orbite ovale qui rend les variations saisonnières plus sévères que sur Terre. Les étés sont plus chauds et les hivers plus froids dans l'hémisphère sud. À long terme, les colons ont l'intention d'établir deux bases, une au sud de l'équateur pour les étés et une au nord pour les hivers.

Mais dans l'immédiat, les premiers êtres humains à marcher sur Mars ont vingt-quatre heures pour entamer leur mission la plus importante : trouver de l'eau. Ils doivent déterminer si, comme l'ont prédit les sondes de la NASA qui ont étudié la planète en orbite et au sol, il existe suffisamment d'eau dans la couche de poussière en surface appelée « régolithe » pour remplir leurs besoins hydriques et offrir une réserve pour la production de l'oxygène qu'ils consommeront. Ils se sont à dessein posés dans un cratère qu'un orbiteur de la NASA avait distingué pour sa pellicule de glace d'eau pure. Si son aspect brillant a une autre cause, il leur faudra trouver à proximité un deuxième site où le régolithe contient un haut pourcentage de glace. Et s'ils n'en découvrent pas aux alentours, ils déploieront un radar pénétrant pour repérer de l'eau en sous-sol et ils se mettront à forer.

Bien avant l'arrivée des vaisseaux suivants (dans deux ans), ces astronautes devront construire des édifices plus permanents, peut-être en briques fabriquées à partir du régolithe. Bien que le soleil rende cette journée relativement chaude – environ 10 °Celsius – les températures plongeront à l'approche de l'obscurité, transformant l'environnement en quelque chose d'assez proche d'une mauvaise nuit au pôle Sud. La position proche de l'équateur permet de profiter des températures les plus douces, elles peuvent atteindre 20° un jour d'été. Mais la nuit, elles descendent facilement jusqu'à – 70 °C et les constructions devront isoler leurs occupants du froid, ainsi que les protéger du rayonnement solaire que l'atmosphère ténue ne filtre pratiquement pas.

Si la situation tourne mal – si ces premiers explorateurs n'arrivent pas à trouver un bon approvisionnement en eau, si les effets des radiations sont plus sévères que prévu ou si l'un des vaisseaux est gravement endommagé en se posant –, ils feront le gros dos en attendant une fenêtre de lancement appropriée pour le long voyage de retour. Sinon, ils sont ici pour rester.

Seuls sur une planète apparemment sans vie à quatre cents millions de kilomètres de chez eux, ces éclaireurs ont tout en commun avec les découvreurs qui les ont précédés : les grands aventuriers de l'histoire qui ont escaladé les montagnes et traversé les océans pour créer de nouveaux modes de vie. Et pourtant, malgré la similitude avec les ouvreurs de voies de jadis, ces pionniers de l'espace sont en tout point plus importants qu'aucun de leurs prédécesseurs. Leur présence sur Mars représente la plus grande réussite de l'intelligence humaine.

Toute personne qui a regardé Neil Armstrong poser le pied sur la Lune en 1969 peut vous raconter que la Terre s'est arrêtée de tourner pendant un instant. L'émerveillement et la stupeur causés par cette prouesse dépassaient tellement l'entendement que certains croient encore à un simulacre tourné dans un studio d'Hollywood. Quand des astronautes ont marché sur la Lune, les gens ont commencé à dire : « Si nous pouvons aller sur la Lune, nous pouvons tout faire. » Ils voulaient dire que nous pouvions tout faire sur ou près de la Terre. Aller sur Mars aura une signification totalement différente : si nous pouvons aller sur Mars, nous pouvons aller partout.

Avec cet accomplissement, les œuvres de science-fiction chimériques comme *La Guerre des étoiles* et *Star Trek* commenceront à paraître crédibles, les lunes de Saturne et de Jupiter des buts de prospection raisonnables. Et pour le meilleur ou pour le pire, l'événement soulèvera une vague de chercheurs de trésor de l'ampleur de la ruée vers l'or en Californie. Plus important, il étendra notre vision aussi loin des limites de la gravité terrestre que nous pouvons l'imaginer. Quand des êtres humains poseront pour la première fois le pied sur Mars, l'instant aura plus de portée en termes de technologie, de philosophie, d'histoire et d'exploration qu'aucun autre avant lui, tout cela parce que nous ne serons plus une espèce cantonnée à une seule planète.

Ces pionniers sont les prémices d'un projet ambitieux, non seulement visiter Mars et y établir une colonie, mais aussi remodeler, ou « terraformer », la planète : rendre son atmosphère ténue de dioxyde de carbone assez riche en oxygène pour que des humains respirent, élever sa température moyenne de – 63 °C à un plus tolérable + 20°, remplir d'eau ses lits de rivière et ses lacs asséchés et planter dans sa zone tempérée une végétation apte à profiter d'un régime riche en CO_2. Ces astronautes enclencheront un processus dont l'aboutissement demandera peut-être mille ans, mais qui donnera un second foyer à l'humanité, un avant-poste sur la frontière la plus éloignée. Et comme beaucoup d'avant-postes frontaliers avant lui, celui-ci rivalisera un jour avec la planète mère en ressources, niveau de vie et pouvoir d'attraction.

Ces précurseurs ont entrepris un voyage dont les implications s'étendent loin dans le futur. Ils ont pour principale mission de fonder une société spatiale assurant l'entretien d'un système de cosmodromes permettant un décollage facile depuis une planète à faible gravité. De là, il deviendra possible de voyager jusqu'aux confins du système solaire.

Quand ces fusées se poseront sur Mars dans un avenir proche, il s'agira de bien plus qu'un grand moment pour l'exploration. Ce sera rien moins qu'une police d'assurance pour l'humanité. Car de réelles menaces pèsent sur sa perpétuation, dont une guerre nucléaire et un échec à éviter un désastre écologique. Une collision avec un astéroïde suffirait à elle seule à annihiler la majeure partie de la vie sur Terre, corps céleste que son Soleil finira de toute façon par anéantir en se dilatant. Bien avant que cela ne se produise, nous devons devenir une espèce spatiale, capable de vivre non seulement sur une autre planète mais, à terme, dans d'autres systèmes solaires. Nos premiers représentants à émigrer sur Mars offriront à l'humanité son meilleur espoir de survie. Leur minuscule base se développera pour devenir une colonie, et peut-être même une nouvelle espèce qui s'étendra rapidement. La compagnie qui a fabriqué le vaisseau dans lequel ils sont venus est en train d'en construire des centaines d'autres. L'intention est d'aboutir à une population viable de cinquante mille personnes en l'espace de quelques dizaines d'années. Elles pourront perpétuer la sagesse et les réussites collectives de l'humanité même si celle-ci disparaît sur son monde d'origine.

En vérité, il aurait été possible d'atteindre Mars depuis au moins trente ans. Au cours de la dizaine d'années qui a suivi la mission *Apollo 11*, premier vol habité jusqu'à la Lune, nous aurions pu en effectuer un jusqu'à la planète rouge. Nous disposons depuis longtemps de presque toute la technologie nécessaire. Nous n'avons simplement pas choisi de saisir cette opportunité.

Il n'est pas inutile de comprendre les origines de cette erreur – comment la conquête spatiale a subi un retard de dizaines d'années à cause d'une décision prise par un président des États-Unis, comment la faculté de l'humanité à rendre concret presque tout ce que nos cerveaux sont en mesure d'imaginer aurait pu inspirer deux générations de

Terriens. Il y a près d'un demi-siècle, nous avions la capacité de nous déployer dans le système solaire et au-delà.

L'industrie spatiale privée a ouvert une nouvelle fenêtre vers les étoiles. Le besoin d'explorer est peut-être gravé dans nos gènes ; *Homo sapiens* a commencé à s'aventurer hors de l'Afrique il y a soixante mille ans, franchissant l'horizon jusqu'à peupler le monde entier. L'esprit de découverte a sans doute un rapport avec la survie. Mais il a aussi entraîné l'envahissement de territoires déjà occupés, l'anéantissement de cultures et le pillage des ressources.

La colonisation de Mars va se produire bien plus tôt que ne s'en rendent compte la plupart des gens, et hors cadre réglementaire. Pour l'essentiel, ce livre est un état des lieux étonnant de l'avancée de la conquête spatiale qui met en lumière notre capacité actuelle à construire sur Mars. Mais c'est aussi un appel à se réveiller. Le potentiel est énorme mais les chausse-trappes sont nombreuses. C'est maintenant qu'il faut y penser.

1 *Das Marsprojekt*

En 1926, quand le physicien américain Robert Goddard a lancé la première fusée à carburant liquide à la majestueuse altitude de douze mètres cinquante, aurait-il pu imaginer que nous irions sur Mars cent un ans plus tard ? Pourtant, le chemin suivi est étonnamment direct. Il est possible de tracer une ligne qui relie tout droit les premiers astronautes à se poser sur la planète rouge en 2027 à un physicien et ancien officier SS de la Seconde Guerre mondiale : Wernher von Braun. Son génie pour l'astronautique ne devint que trop évident quand les engins qu'il avait conçus d'après les inventions de Goddard s'abattirent sur Londres pour y semer la dévastation. Il procura à Adolf Hitler des armes de terreur qui choquèrent le monde. Pourtant, en 1948, quatre ans seulement après le lancement de ses fusées V2 sophistiquées au-dessus de la mer du Nord, cet ingénieur de trente-six ans se retrouvait établi à Fort Bliss, au Texas, avec une équipe de collègues scientifiques allemands spécialisés dans les fusées. Ils étaient tous des « prisonniers de paix ».

On rapporte que l'équipe de l'armée américaine qui avait exfiltré von Braun et ses assistants hors d'Allemagne ne les laissait pas sortir de la base sans escorte, si bien qu'ils passaient leurs journées à transmettre leur extraordinaire expertise à une équipe d'Américains qui travaillait sur la conception d'un missile balistique. Mais il leur arrivait souvent de n'avoir pas grand-chose à faire. L'ancien chef du programme d'astronautique le plus avancé du monde décida donc d'écrire un livre sur son sujet préféré : l'exploration spatiale. Publié en allemand en 1952, il portait le titre *Das Marsprojekt.* Les presses de l'université de l'Illinois en éditèrent une traduction en anglais l'année suivante : *The Mars Project.* À ce jour, l'essai de quatre-vingt-onze pages reste le manuel de navigation spatiale le plus influent jamais écrit. Il n'est jamais devenu obsolète et une grande part sert toujours de guide pour emmener des êtres humains sur Mars.

Von Braun exposait dans son essai une vision ambitieuse : elle impliquait un équipage de soixante-dix hommes et une flotte de dix vaisseaux, dont trois cargos destinés à ne pas revenir.

« Je crois qu'il est temps de dynamiter une bonne fois pour toutes la théorie de la fusée spatiale solitaire et de sa petite bande d'intrépides aventuriers interplanétaires, écrivit-il. Aucune bouteille thermos extra-orbitale solitaire de ce genre n'échappera jamais à la gravité terrestre pour dériver vers Mars. »

Le projet consistait à assembler les vaisseaux spatiaux depuis une station en orbite autour de la Terre, quarante-six fusées aux trois étages intégralement réutilisables assurant la livraison de l'équipement et des matériaux. Les deux premiers étages retomberaient soutenus par des parachutes, des ailes permettraient au troisième de redescendre en volant. *Dès 1948,* année où il a effectué la majorité de ses calculs, von Braun présageait la navette spatiale américaine ainsi que les efforts actuels de la Space Exploration Technologies Corporation pour fabriquer une fusée orbitale réutilisable qui puisse être ravitaillée en carburant et relancée dans les vingt-quatre heures. En 1953, von Braun estima à neuf cent cinquante le nombre de vols de convoyage nécessaires pour construire et approvisionner les dix astronefs.

Dans la version de l'ingénieur allemand, le trajet jusqu'à Mars impose d'utiliser une orbite de transfert de Hohmann – une méthode économe en carburant dans laquelle un vaisseau en orbite circulaire autour de la Terre allume brièvement ses moteurs, effectuant un « burn » d'accélération pour prendre une trajectoire elliptique qui coupera celle de Mars autour du Soleil. L'astronef continue ensuite sur sa lancée jusqu'à être proche de son but. Quand il l'atteint, un deuxième « burn », de décélération, le place en orbite autour de la planète rouge. C'est un peu comme Tarzan quand il utilise une longue liane entre deux arbres éloignés l'un de l'autre puis en attrape une courte pour rejoindre une branche spécifique. La manœuvre requiert un minutage précis de l'alignement de la Terre et de Mars sur leurs orbites.

Une bonne fenêtre pour un tel lancement s'ouvre tous les vingt-cinq mois, mais l'économie permise en coupant la propulsion a un prix : le voyage dure environ huit mois dans chaque sens. Tous les quelque quinze ans, l'alignement des orbites de Mars et de la Terre réduit grandement la distance entre les deux planètes, et donc le temps nécessaire pour la franchir. Il existe aujourd'hui de nombreuses autres théories sur le moyen d'atteindre Mars en consommant le moins de carburant possible. Elles incluent d'en brûler simplement beaucoup pour aller tout droit et éviter la courbe d'une orbite de transfert de Hohmann. Des systèmes de propulsion principalement théoriques et à la faisabilité purement supposée, comme la fusion nucléaire et la propulsion électrique nucléaire, pourraient réduire la durée du trajet à moins de quatre-vingt-dix jours dans chaque sens.

Si la mission de von Braun avait eu lieu, les astronautes n'auraient pas eu d'autre choix que de passer environ quatre cents jours à explorer Mars jusqu'à ce que la Terre prenne une position permettant le voyage de retour sur une autre orbite de transfert de Hohmann.

Das Marsprojekt a été écrit bien avant que les scientifiques ne connaissent le rôle de bouclier joué pour la Terre par la ceinture de Van Allen (des particules à haute énergie qui n'existent pas près de Mars), les effets d'un séjour prolongé en apesanteur, la sévérité des radiations solaires (von Braun avait fait des évaluations pour le rayonnement cosmique), la véritable géographie de la planète rouge et plus que des estimations très rudimentaires de la densité de l'atmosphère martienne. L'ingénieur allemand a rédigé son livre près d'une décennie avant le premier satellite artificiel : *Spoutnik*, lancé en 1957. Il admettait dans son ouvrage ne pas avoir calculé les risques posés par les météores, mais il s'était inquiété de l'apesanteur et avait dessiné des plans pour relier par des câbles les vaisseaux de la flottille afin de les faire tourner l'un autour de l'autre comme autant de yoyos dans le but de créer une gravité artificielle.

Quand la sonde de la NASA *Mariner 4* survola Mars en 1965, elle transmit deux informations choquantes : l'atmosphère martienne était bien plus ténue que ne l'avaient pensé les scientifiques – ce qui la rendait pratiquement inexistante – et toute forme de vie était très improbable. Von Braun, comme beaucoup de gens dans les années 1960, avait joué avec l'idée d'une espèce extraterrestre vivant sur Mars dans des jardins souterrains. En 1949, il avait même tiré de *Das Marsprojekt* un roman à l'eau de rose décrivant une telle civilisation. Pour rejoindre le sol depuis une position en orbite, il avait conçu de petits avions spatiaux. Ils n'auraient pas pu voler dans une atmosphère aussi ténue, mais il avait prévu des difficultés inattendues de ce genre et de nombreuses stratégies de secours pour y parer. Ces ailes étaient amovibles.

Von Braun imagina aussi que des problèmes psychologiques apparaîtraient entre des êtres humains confinés dans un espace restreint pendant les mois ou les années nécessaires pour le voyage. Il inventa des navettes pour déplacer des fournitures, ainsi que des astronautes, entre les différents vaisseaux. Selon des calculs effectués plus tard d'après ses plans, ils permettaient d'emporter douze tonnes d'oxygène et huit de nourriture par personne, et treize tonnes d'eau potable par transport de passagers. Chacun des vaisseaux devait recycler l'eau d'utilité et celle émise dans l'air sous forme de vapeur.

Une statistique concernant les vols spatiaux saute aux yeux dans l'appendice technique de l'ouvrage : l'extraordinaire quantité de carburant nécessaire pour échapper à la gravité terrestre. Chacun des dix astronefs de la flotte de von Braun aurait pesé environ trois mille sept cents tonnes, dont près de trois mille deux cents de carburant. À leur retour sur Terre, ils n'auraient conservé qu'un peu plus de 1 % de leur poids originel.

Das Marsprojekt était une œuvre extraordinairement prémonitoire et un pur prodige technique. Malheureusement, von Braun et Robert Goddard avaient tous deux tellement d'avance sur leur temps qu'ils eurent à subir les dénigrements, les critiques et les tracasseries de personnalités qui ne comprenaient tout simplement pas. Quand Goddard déclara qu'une fusée pourrait atteindre la Lune, la nouvelle fit la une du *New York Times*, mais le journal traita l'annonce avec dérision dans sa page éditoriale. (Près d'un demi-siècle plus tard, le lendemain du jour où *Apollo 11* décolla pour la Lune, le *Times* publia un rectificatif.)

Au début des années 1950, quand von Braun a proposé sérieusement d'aller sur Mars, son projet a dû paraître absurde, même aux scientifiques et aux ingénieurs. Des centaines de fusées envoyées en orbite basse pour construire dix gigantesques vaisseaux interplanétaires bourrés de dizaines de milliers de tonnes de carburant, d'oxygène et de nourriture ? Vraiment ?

Mais il captiva indéniablement le public américain. En 1954, le magazine *Collier's* publia un dossier en huit parties sur le voyage spatial qui incluait la description que von Braun avait faite de la manière exacte dont il fallait s'y prendre pour atteindre Mars.

Il n'avait pas manqué de rêveurs pour creuser la question du voyage interplanétaire avant von Braun, mais aucun n'avait fourni des plans et des chiffres précis. Trajectoires, équations, dessins techniques, calculs, rien ne manquait à sa proposition. Il détermina même une date en 1965 pour le lancement. Son esprit suivait une ligne pratique. Entre imaginer un voyage sur Mars et l'effectuer concrètement, il n'existe qu'une différence : l'engagement.

Pour saisir l'importance de *Das Marsprojekt*, on peut se souvenir du roman de Carl Sagan sorti en 1985, *Contact*. Dans cet ouvrage de fiction, une culture inconnue quelque part dans l'espace et dans le temps envoie aux humains un manuel technique qui décrit en détail comment construire un astronef capable d'atteindre son monde. Pour beaucoup de Terriens du début des années 1950, von Braun aurait été cette culture extraterrestre faisant don d'un manuel technique pour explorer l'univers. Avec une distinction : *Das Marsprojekt* n'était pas de la fiction.

À la fin des années 1960, von Braun bénéficiait du respect général pour avoir dirigé la conception de *Saturn 5*, la fusée qui avait emmené les astronautes d'*Apollo* sur la Lune. Sa réputation grandissant, il se mit à tonner dans les couloirs de la NASA et du Congrès pour que les États-Unis visent ensuite la planète rouge. Il s'agissait cette fois d'envoyer deux vaisseaux propulsés par des moteurs atomiques. À qui voulait l'entendre, il affirmait que la mission pourrait décoller dès les années 1980.

Contrairement aux propositions qu'il avait faites auparavant, celle-ci arriva sur le bureau du président Richard Nixon. La question de la suite à donner à *Apollo* se posait. Mais la navette spatiale l'emporta sur le projet martien de von Braun – en partie, parce que les agences militaires et de renseignement voyaient en elle un outil très utile pour lancer et réparer des satellites espions. Bien que toutes les activités de la NASA soient supposées transparentes et publiques, entre 1982 et 1992, la navette spatiale effectua onze missions classifiées. Et nombre de ses caractéristiques découlaient d'exigences de l'armée et des agences de renseignement. Nixon décida aussi de tuer *Saturn* 5, la fusée de von Braun, le plus gros et le meilleur lanceur lourd jamais conçu. Sans ce véhicule pour prendre le large, le voyage interplanétaire était condamné. Si les États-Unis avaient opté pour Mars plutôt que pour la navette spatiale, nous y aurions probablement une base permanente aujourd'hui. Constatant que la NASA suivait une voie différente de la sienne, von Braun la quitta en 1972.

Au cours des soixante-deux ans qui se sont écoulés depuis la publication de *Das Marsprojekt*, la planète rouge n'est guère devenue davantage pour nous qu'une série de photos prises par le rover (robot mobile) de la taille d'une voiture baptisé *Curiosity* qui explore sa surface depuis son atterrissage en 2012. Si la NASA et Nixon avaient pris les idées de von Braun plus au sérieux, *Curiosity* aurait sans doute aujourd'hui un astronaute au volant.

La navette spatiale a entraîné le programme spatial des États-Unis dans un long et lent déclin et poussé la NASA, si ce n'est le peuple américain, dans une vacuité qui manquait de passion et de vision. Des balades dans le vide que personne ne regardait ont remplacé l'exaltation de viser les étoiles. La NASA s'est concentrée sur un modèle dépassé d'avion-fusée qui contribuait peu au progrès du voyage spatial, tombait du ciel bien trop souvent et n'avait nulle part où aller avant qu'on lui construise une station orbitale où s'amarrer. Au final, sa faible justification fut de transporter des astronautes et du matériel jusqu'à la Station spatiale internationale, un gros morceau de technologie ne servant lui-même pas à grand-chose.

Sir Martin Rees, l'astronome britannique mondialement admiré, n'a que peu de compliments à son égard : « Personne ne considérerait la science sur la station spatiale comme pouvant justifier plus qu'une fraction de son coût total. Elle avait pour principal [but] de maintenir en vie le programme spatial habité et d'étudier comment les êtres humains peuvent vivre et travailler dans l'espace. Et sur ce point aussi, l'évolution la plus positive dans ce domaine fut l'arrivée de sociétés privées capables de développer de la technologie et des fusées à meilleur prix que ne le font la NASA et ses prestataires traditionnels. »

Les années de dérive de la NASA – et le fait qu'elle autorisait des sous-traitants à travailler à prix coûtant majoré – ont ouvert une immense brèche à l'initiative privée. Les cent trente-cinq missions de la navette ont fini par coûter en moyenne plus d'un milliard de dollars chacune. On devait être capable de faire mieux, plus vite et moins cher. Ces « on » sont arrivés. Et du rêve d'aller sur Mars ils ont fait une réalité.

2 La grande course du privé

La conquête de l'espace a longtemps paru la chasse gardée de gouvernements ayant les moyens de payer le prix élevé du ticket d'entrée. Par exemple, si Boeing et Lockheed Martin ont une activité spatiale, c'est en grande partie dû à ce que la NASA et l'armée américaine leur signaient des contrats à prix coûtant majoré. Puis, il y a environ trente ans, trois hommes qui s'étaient rencontrés à la Harvard Business School décidèrent qu'ils pouvaient gagner de l'argent en fabriquant des fusées et en lançant des satellites. Leur *start-up*, Orbital Sciences Corporation, conçut une fusée ailée à trois étages baptisée *Pegasus* et lancée depuis un gros avion porteur. Celui-ci la hissait à une altitude de douze mille mètres, réduisant le coût de la mise en orbite. Depuis, *Pegasus* a effectué quarante-deux vols, établissant un record de réussite hors du commun avec seulement trois échecs complets. Orbital Sciences s'est taillé une niche sur le marché des satellites et des sondes. Elle en a fabriqué et lancé des centaines pour des opérateurs télécoms, des gouvernements et la NASA, utilisant à l'occasion des missiles balistiques intercontinentaux (ICBM) reconfigurés. Ces dernières années, encouragée, conseillée et financée par la NASA, Orbital Sciences a mis au point un nouveau lanceur appelé *Antares* et le vaisseau cargo *Cygnus*. Il a ravitaillé en fret la Station spatiale internationale pour une petite fraction du coût d'une mission avec la navette. L'entreprise fait des bénéfices, a fusionné avec un autre constructeur spatial et est cotée à la bourse de New York sous le nom d'Orbital ATK.

Pendant qu'Orbital Sciences développait son activité, Robert Zubrin, un ingénieur de Martin Marietta Materials, s'interrogeait sur les raisons pour lesquelles nous ne nous dirigions pas vers Mars. Sa réflexion longue et profonde, et ses calculs sur ce qui permettrait de rendre la planète habitable ont haussé le niveau de sophistication du débat sur la question. Comme von Braun, il a pressenti que nous avions à portée de main tout le nécessaire. Sa proposition – baptisée « Mars Direct » – dressait les grandes lignes d'une mission habitée pour Mars simple et peu coûteuse. Elle a plu à la NASA, mais comme l'agence ne cessait de repousser sa mise en œuvre, Zubrin a détaillé son projet dans le livre intitulé *Cap sur Mars* et créé, en 1998, la Mars Society pour en assurer la promotion.

Plus récemment, les Néerlandais Bas Lansdorp et Arno Wielders ont fondé l'organisation à but non lucratif Mars One, qui a pour ambition de lancer des missions habitées sans possibilité de retour dès 2025. L'envoi d'un vaisseau cargo chargé d'habitats et de véhicules les précéderait. La vente de droits de diffusion audiovisuelle assurerait le financement. Cependant, le groupe ne possède pas la fusée ou l'astronef dont il aurait besoin et il vient à peine de signer un contrat avec Lockheed Martin pour étudier la faisabilité de sa fabrication.

Puis il y a Dennis Tito, le premier particulier à avoir acheté un voyage dans l'espace en payant aux Russes la somme de vingt millions de dollars. Son organisation à but non lucratif, Inspiration Mars, prévoit avec optimisme d'envoyer en 2021 un petit vaisseau spatial, peut-être le *Crew Dragon* en cours de développement par SpaceX pour des vols habités jusqu'à la Station spatiale internationale, avec à son bord un couple marié. La mission se limiterait à un survol, si bien que les passagers resteraient confinés dans une minuscule capsule pendant près d'un an et demi – d'où l'idée du couple. Pour vaincre la frustration et la solitude, dit Tito, « vous allez avoir besoin de quelqu'un que vous pourrez serrer dans vos bras ».

Inspiration Mars vise un décollage en 2018 pour profiter d'une configuration qui ne se produit que tous les quinze ans et où les positions de Mars et de la Terre sur leurs orbites respectives permettraient un aller-retour en cinq cent un jours avec une unique poussée d'acquisition de trajectoire. Le reste du voyage s'effectuerait sur la lancée, la gravité de la planète rouge faisant office de fronde pour renvoyer le vaisseau. Il n'existe pas encore de fusée utilisable capable de cette prouesse. (Le Space Launch System de la NASA, programmé pour 2018, pourrait propulser un vaisseau jusqu'à Mars, mais il y a peu de chances qu'il soit mis à disposition.) Selon Tito, le plan B consiste en un lancement en 2021 et un passage près de Vénus pour obtenir un effet de fronde.

Jeff Bezos, d'Amazon, Larry Page, cofondateur de Google, Paul Allen, cofondateur de Microsoft, et l'entrepreneur et explorateur Sir Richard Branson investissent également des millions pour entrer sous une forme ou sous une autre dans la course à l'espace. Jusqu'à présent, les efforts sont pour la plupart aussi chaotiques que lors de la conquête de l'Ouest, mais la frontière est cette fois l'espace. Et bien que les projets ayant pour but d'envoyer des gens sur Mars ne manquent pas, une seule société peut aujourd'hui promettre sérieusement d'y déposer des êtres humains avant que la NASA n'y parvienne.

• • •

De même que nous pouvons tracer une ligne directe entre Wernher von Braun et *Apollo 11*, il est probable que nous pourrons remonter tout droit à Elon Musk quand un astronef transportant des astronautes se posera sur Mars en 2027 – parce que cet atterrisseur portera très probablement le logo de SpaceX.

Musk est sans doute l'entrepreneur le plus visionnaire de notre époque. Sept ans après avoir quitté un programme de doctorat en physique appliquée à l'université de Stanford, il a vendu ses parts de Paypal et Zip2, des compagnies dont il était le cofondateur, pour un bénéfice net estimé à trois cent vingt-quatre millions de dollars. Après avoir utilisé son argent à lancer en 2002 la Space Exploration Technologies Corporation (SpaceX), il s'est associé pour créer Tesla Motors, qui est en passe de révolutionner le monde de l'automobile. C'est un écologiste fervent, partisan de l'énergie solaire – ses voitures peuvent littéralement être alimentées par le soleil. En 2013, Musk a proposé un système de transport à grande vitesse hors du commun dans un tube à vide baptisé Hyperloop et l'a placé dans le domaine public. Un tube Hyperloop pourrait réduire le trajet entre Los Angeles et San Francisco à une durée de trente minutes.

Musk a fondé SpaceX juste au moment où la NASA semblait perdre sa raison d'être. Comme von Braun, c'est un transfuge, dans son cas d'Afrique du Sud et du Canada. Comme von Braun également, c'est un perfectionniste convaincu de sa vision et décidé à la mener à terme. Et encore une fois comme von Braun, personne ne paraît comprendre à quel point Musk est sérieux quand il dit que nous devons aller sur Mars. Contre tous les avis et contre toute attente, il a réussi l'impossible : trouver suffisamment de capitaux pour sauver la Space Exploration Technologies Corporation et la maintenir en activité quand ses trois premières fusées ont explosé. En chemin, il a soulevé une question réellement révolutionnaire : qui a besoin de la NASA pour se rendre sur Mars ?

Musk a lancé sa compagnie privée de fusées avec une seule idée en tête. Il l'a clairement exprimée en mai 2014 : « La raison de la fondation de SpaceX était d'accélérer le développement de la technologie aérospatiale, dans l'unique but d'établir une base permanente et autosuffisante sur Mars. » Prenons un instant pour étudier de plus près le nom de sa société : Space Exploration Technologies. Remarquez le mot « Exploration ». Comme von Braun avant lui, Musk chérit l'idée que les hommes devraient devenir une société spatiale. Il a une conscience aiguë du fait que la Terre ne restera pas habitable pour toujours. Il paraît frustré de notre déni de ce que nous infligeons à notre habitat, et n'oublie jamais une donnée simple : l'humanité s'éteindra si nous n'allons pas au-delà de la Terre.

Il était temps qu'Elon Musk entre dans la compétition spatiale. La technologie n'a que très peu progressé entre le moment où Neil Armstrong a posé sa botte sur la Lune en 1969 et la création de SpaceX en 2002. En réalité, selon Musk, nous n'avons pas uniquement marqué le pas depuis le programme Apollo, nous avons reculé. « Un jour, dit-il, nous avons pu atteindre la Lune, et aujourd'hui nous ne pouvons plus. Ce n'est pas aller de l'avant, ni même de côté. Les États-Unis ne peuvent même plus envoyer des gens en orbite. »

En 1966, le budget de la NASA représentait plus de 4 % de la totalité du budget fédéral. Il est actuellement d'environ 0,5 %. Depuis que Musk s'est imposé sur la scène spatiale, nous fonçons à la vitesse de la lumière vers les solutions techniques nécessaires pour emmener des humains sur la planète rouge d'ici un peu plus d'une décennie et avoir l'opportunité d'y garder des colons pendant les millénaires à venir. Personne ne peut mettre le doigt sur le moment exact où la NASA a fini par se réveiller et sentir l'odeur de la poussière rouge, mais quand la première capsule *Dragon* de SpaceX a réussi à atteindre la Station spatiale internationale en mai 2012, il est immédiatement devenu évident qu'une compagnie privée pouvait probablement faire tout ce que pouvait faire la NASA – et peut-être le faire mieux.

3 Les fusées, c'est délicat

Récemment, après l'explosion d'un de ses lanceurs au-dessus de sa rampe de lancement, Elon Musk a tweeté avec ironie : « Les fusées, c'est délicat. » Il a raison : pour près des deux tiers, les tentatives d'envoi de sondes vers Mars ont échoué.

Un observateur non averti serait en droit de se demander pourquoi les humains ont tant de problèmes à atteindre cette planète quand aller sur la Lune a paru relativement facile il y a plus de cinquante ans. C'est principalement une question d'éloignement. Les changements d'échelle sont phénoménaux. La Lune flotte à une distance comprise entre trois cent soixante mille et quatre cent mille kilomètres de la Terre selon les phases de son cycle. Mars peut se trouver jusqu'à plus de mille fois plus loin. En 2003, elle était plus proche qu'elle ne l'avait été en près de soixante mille ans – à seulement à peu près cinquante-cinq millions de kilomètres. Mais parce que la Terre met trois cent soixante-cinq jours à faire le tour du Soleil et Mars six cent quatre-vingt-sept, les deux planètes peuvent se désynchroniser et aboutir très loin l'une de l'autre, chacune d'un côté différent de notre étoile. Quand elles sont éloignées, elles sont *vraiment* éloignées – environ quatre cents millions de kilomètres. La distance entre Mars et la Terre est ainsi de cent quarante à mille fois plus grande que celle entre la Lune et la Terre.

En d'autres mots, il est possible de rejoindre la Lune et d'en revenir en six jours. (Nous aurions pu l'atteindre en une journée grâce à la poussée offerte par *Saturn* 5 mais, avec la vitesse acquise, nous aurions continué sur notre lancée à l'arrivée au lieu d'être capturés par la faible gravité de notre satellite.) En utilisant les orbites de transfert de Hohmann comme le suggérait von Braun dans *Das Marsprojekt,* même en allant beaucoup plus vite que les astronautes d'*Apollo*, nous aurions tout de même à couvrir une distance mille fois plus longue. C'est dû à ce que nous ne pouvons tout simplement pas emporter assez de carburant pour foncer en ligne droite. Sans une source illimitée d'énergie bon marché, nous serons toujours en orbite autour de *quelque chose* dans ce système solaire et nos trajectoires seront donc toujours courbes. SpaceX développe actuellement des moteurs plus puissants et plus efficaces qui pourraient réduire substantiellement la durée du trajet, mais aucun raccourci prévisible dans les vingt ans à venir ne pourra nous emmener jusqu'à Mars en beaucoup moins de deux cent cinquante jours.

Même les premières missions, plus sommaires – de simples essais de passer près de la planète – ont régulièrement abouti à un désastre. Les tentatives bien plus délicates de mise en orbite, en particulier quand elles prévoyaient un atterrissage, ont tourné en ridicule notre maîtrise de la technologie spatiale.

Les Soviétiques ont paru subir le pire des calamités martiennes des débuts. Le premier objet terrestre à avoir jamais atteint la surface de Mars était un atterrisseur baptisé *Mars 2*. Il s'écrasa sur la planète rouge en novembre 1971. Son prédécesseur, *Kosmos 419*, avait échoué à quitter l'orbite terrestre, ne parlons pas d'aller plus loin. Le mois suivant, *Mars 3* réussit cette fois à se poser mais cessa d'émettre au bout de vingt secondes. Une défaillance du système de guidage de *Mars 4* lui fit complètement rater son but. *Mars 5* fut la sonde soviétique qui eut le plus de succès. Insérée en orbite elliptique en février 1974, elle effectua vingt-deux révolutions et transmit une soixantaine de photos avant de tomber en panne. *Mars 6* atteignit la planète en 1974 et lança un atterrisseur. Celui-ci envoya des données atmosphériques pendant environ quatre minutes avant de s'écraser, mais un composant électronique défectueux rendit les informations pour une grande part incompréhensibles. *Mars 7* entra également en orbite, en mars 1974, mais lança son atterrisseur quatre heures trop tôt et manqua la planète. L'Union soviétique connut une poignée d'autres échecs à cette époque, comme elle en subit d'autres plus tard. En 1996, l'agence spatiale russe lança une sonde orbitale et d'atterrissage appelée *Mars 96* qui n'échappa pas à l'attraction terrestre et se brisa au-dessus de l'océan Pacifique. Depuis, les Russes se sont montrés moins qu'empressés à tenter le sort.

Réussir à poser un engin sur Mars bute sur un obstacle majeur : le délai des communications avec la Terre. Quand les deux planètes occupent leurs positions les plus éloignées, il faut vingt et une minutes à un signal radio pour franchir la distance dans chacun des deux sens. En conséquence, un astronef inhabité dépend d'un logiciel d'intelligence artificielle pour les décisions d'urgence, car le temps manque pour appeler la base au secours.

Mais la sombre histoire des fiascos des premières missions s'est évanouie dans les tréfonds de notre conscience après que la NASA a raflé la mise en posant avec succès les rovers *Spirit* et *Opportunity*. Plus récemment, c'est un troisième, *Curiosity*, qui a accaparé notre attention. *Opportunity* poursuit son exploration de Mars depuis plus de dix ans. *Curiosity* a achevé en 2014 une reconnaissance longue d'une année martienne (un peu moins de deux terriennes) et vient d'entamer sa mission de plus longue durée. Néanmoins, les distances qu'ont parcourues ces robots mobiles n'ont rien d'impressionnant : une quarantaine de kilomètres pour *Opportunity* depuis 2004 et une dizaine pour *Curiosity* en près de trois ans.

Malgré les échecs du passé, le succès de la NASA avec *Curiosity* prouve que des charges relativement lourdes peuvent être déposées sur le sol de Mars, ce qui rend plus réalistes non seulement des vols habités, mais aussi des livraisons de matériel et de ravitaillement. Passer d'un fret volumineux comme *Curiosity* à une cargaison humaine est principalement une question d'accroissement d'échelle, de fréquence de largage d'approvisionnement et enfin d'oxygène. SpaceX améliore un vaisseau cargo *Dragon* pour lui donner la capacité d'emporter dès 2016 sept personnes jusqu'à la Station spatiale internationale. Musk a toutefois déclaré récemment que « 2017 est probablement une estimation réaliste de l'année où nous enverrons pour la première fois un être humain dans l'espace ». En plaisantant, il a ajouté qu'un passager clandestin survivrait dans la version qui réapprovisionne actuellement la station spatiale parce qu'une partie de la capsule est pressurisée ; elle a été conçue dès le départ pour être convertie de transport de fournitures à celui d'astronautes.

À l'heure actuelle, depuis l'abandon de la navette américaine, le vaisseau russe *Soyouz* est le seul à pouvoir assurer les navettes des équipages entre la Terre et la station spatiale. Il date de 1966 et s'est révélé, avec son lanceur, le véhicule spatial le plus fiable de l'histoire. Rendue célèbre par le film *Gravity*, une capsule *Soyouz* reste amarrée en permanence à la station spatiale pour servir de véhicule de secours. Les Russes font payer plus de cinquante millions de dollars le transport d'un astronaute. SpaceX veut ce marché.

À la fin de l'année 2014, la NASA a placé son nouveau vaisseau *Orion* sur une orbite d'environ six mille kilomètres d'altitude avec une fusée *Delta IV. Orion* a été conçu pour emmener jusqu'à six astronautes en mission sur la navette spatiale et quatre jusqu'à la Lune et plus loin. Un lanceur plus puissant spécifiquement adapté à *Orion* devrait entrer en service en 2018. Le vaisseau lui-même ressemble beaucoup à une capsule *Apollo* et ne donne pas l'impression d'être guère plus qu'un véhicule d'exploration lunaire de deuxième génération. Elon Musk dit qu'il n'a pas connaissance d'aspects d'*Orion* qui en feraient davantage qu'une version agrandie d'*Apollo*. Des experts lui ont rétorqué qu'un modèle qui a fait ses preuves réduira les risques.

Orion est destiné à l'exploration de la Lune et à un rendez-vous avec un astéroïde dans les années 2020. Jusque très récemment, la NASA s'est montrée remarquablement circonspecte sur ses projets de vols habités sur Mars. Elle l'évoque désormais vaguement comme l'utilisation finale d'*Orion*, mais n'avance pas de calendrier précis en dehors d'annoncer qu'une mission pourrait avoir lieu dans les années 2030. La NASA a toujours campé sur la position que nous devrions d'abord construire une base sur la Lune pour en apprendre davantage avant de tenter la même chose sur la planète rouge. Au rythme où avance la mise au point d'*Orion*, Musk, et peut-être d'autres entrepreneurs privés, sont en mesure d'atteindre Mars bien avant la NASA.

Néanmoins, la mise au point de deux astronefs différents capables d'y emmener des êtres humains – les capsules *Dragon* de SpaceX et l'*Orion* de la NASA – a modifié l'interrogation latente depuis l'écriture de *Das Marsprojekt* : pouvons-nous aller sur Mars ? La réponse est oui. La nouvelle question : pouvons-nous vivre sur Mars ? La réponse est encore oui, mais comme le dirait Elon Musk, c'est délicat.

4 Grandes questions

À l'heure où j'écris – moins de vingt ans avant un atterrissage sur Mars – les sceptiques restent nombreux. Les gens de l'industrie spatiale ont tendance à dire que nous devrions commencer par établir une base d'entraînement sur la Lune. Ou que les difficultés pour rendre Mars vivable pour des humains dépassent notre compréhension. C'est un fait, le désir de se poser sur la planète rouge s'accompagne de multiples défis.

Prenons donc brièvement le temps de passer en revue quelques-unes des questions les plus fréquemment soulevées.

Un petit groupe de personnes soumis à **un stress important et enfermé dans un espace extrêmement confiné peut-il effectuer un voyage de neuf mois sans s'entre-tuer ?** Répondons par une autre question : la vie dans les sous-marins à propulsion Diesel-électrique de la Seconde Guerre mondiale ne nous renseigne-t-elle pas sur le sujet ? En outre, la connaissance de la psychologie humaine a progressé au point que sélectionner les bons candidats à une mission sur Mars ne pose plus de problème. Nous sommes devenus très forts dans l'identification des profils adaptés à des emplois sensibles exigeant résistance au stress, jugement et intelligence comme pilote de ligne ou agent des forces spéciales. Angelo Vermeulen, un chercheur en systèmes spatiaux qui a dirigé sur l'île d'Hawaï une simulation de vie sur Mars menée par une équipe d'astronautes pendant quatre mois, déclare : « Ça se résume entièrement à une composition d'équipage. Il faut assortir les compétences ainsi que les compatibilités psychologiques. Il suffit de mettre les gens ensemble pendant une semaine en leur donnant quelque chose de difficile à faire pour vite savoir si des problèmes apparaîtront. S'ils doivent se poser, vous les verrez, en général. Il n'existe pas de garantie qu'il n'en surgira pas sur une longue période de temps, mais vous devriez commencer par un équipage qui apprécie franchement de travailler ensemble et qui fait preuve de résilience. »

Quelqu'un sera-t-il prêt à payer un coût estimé à cinq milliards de dollars pour le voyage et trente milliards de dollars pour établir une petite base ? Elon Musk a répondu à cette question en joignant l'acte à la parole. Il a déclaré que SpaceX n'entrerait pas en Bourse avant que sa fusée pour Mars ne vole. Celle-ci sera bien plus grande encore que le lanceur de prochaine génération de la société, le *Falcon Heavy*, prévu pour fin 2015 ou début 2016, et qui sera doté de vingt-sept moteurs. Son premier étage aura trois fois la puissance de celui de l'actuel *Falcon 9*. En d'autres termes, Musk ne soumettra pas sa compagnie à l'influence d'actionnaires en quête de profits avant d'être certain de pouvoir atteindre la planète rouge. Il l'admet, « la première mission sera très chère », mais il espère que les suivantes seront principalement financées par les candidats au départ. Comme l'a dit von Braun, un voyage sur Mars ne coûte pas plus « qu'une minuscule fraction de notre budget annuel de défense ».

La mission peut-elle inclure des facteurs de sécurité rendant son succès probable à 95 % ? Demandez au réalisateur et explorateur James Cameron, qui a récemment établi le record mondial de plongée en sous-marin habité dans la fosse des Mariannes. À son avis, si les concepteurs d'appareils à vocation périlleuse s'occupent avec soin de tous les problèmes connus et évidents, les inévitables problèmes inattendus seront probablement eux aussi surmontables.

Un séjour prolongé dans un environnement en apesanteur fera-t-il tomber en morceaux les corps des astronautes ? Ce défi reste crucial, mais la suggestion de von Braun – relier plusieurs vaisseaux et les mettre en rotation pour créer une gravité artificielle – pourrait se révéler viable lors d'un voyage jusqu'à Mars. Un vaisseau en forme de roue tournant sur lui-même permettrait d'obtenir le même résultat. Il convient de rappeler que le trajet jusqu'à la planète rouge ne dure qu'environ deux mois de plus que le temps moyen passé par un astronaute dans la Station spatiale internationale. En 2015 et 2016, le capitaine américain Scott Kelly et le cosmonaute russe Mikhail Kornienko resteront une année entière à bord de l'ISS et leur mission nous en apprendra davantage sur les effets à long terme de l'apesanteur sur le corps humain. Globalement, la gravité sur Mars est légèrement supérieure au tiers de celle exercée par la Terre. Les scientifiques estiment qu'elle devrait suffire à la survie, même si c'est de peu. En outre, selon des recherches récentes, de nombreuses espèces seraient capables d'évoluer dans de nouveaux environnements bien plus rapidement que nous ne le pensions jusqu'ici. Une communauté martienne pourrait s'adapter à une faible gravité en quelques douzaines de générations.

Et si des astronautes tombent malades ? Les explorateurs qui escaladent des montagnes et parcourent les océans ont depuis longtemps compris l'intérêt d'être accompagné d'une personne compétente en médecine d'urgence. Mais les navigateurs qui effectuent le tour du monde en solitaire ont démontré qu'une trousse médicale bien garnie et une formation adaptée permettent de régler la quasi-totalité des problèmes. Voyager dans l'espace n'est toutefois pas la même chose que prendre la mer et certains des pionniers pourraient très bien tomber malades et mourir.

Et les radiations ? Encore un grand croquemitaine. Les pires radiations émises par le Soleil proviennent des éruptions solaires et des éjections de masse coronale qui les accompagnent. Nous ne possédons pas encore de moyens technologiques capables d'éliminer les radiations solaires et cosmiques, mais nous pouvons concevoir à l'intérieur de véhicules interplanétaires des espaces d'urgence spécialement blindés en prévision d'événements comme les éruptions solaires. Et des systèmes d'alerte adéquats préviendront qu'il faut gagner un habitat protégé le temps que le danger passe. Elon Musk a proposé un vaisseau spatial isolé par de l'eau. Il existe d'autres stratégies pour dévier ou absorber les radiations, mais, inévitablement, les équipages en route pour Mars en subiront des doses bien plus élevées qu'il ne serait autorisé sur Terre. Les responsables de la NASA envisagent de revoir à la hausse les taux de radiations considérés comme tolérables pour des astronautes, de manière à en envoyer sur Mars sans enfreindre les directives opérationnelles. Une fois sur place, où l'atmosphère est de peu d'utilité et où il n'existe pas de magnétosphère ou de ceinture de Van Allen pour assurer une protection, les gens devront passer la majorité de leur temps dans des environnements blindés ou souterrains.

Au fur et à mesure du développement sérieux d'un vaisseau destiné à un atterrissage sur Mars, d'autres questions cruciales, aux réponses encore à trouver, risquent de se poser.

5 L'économie de Mars

Si personne ne dispose d'un moyen abordable de se rendre sur Mars, personne ne finira par y vivre. Il est intéressant de noter que, pour Elon Musk, la viabilité d'une colonisation de Mars dépend de questions élémentaires de coût plutôt que des nombreux obstacles environnementaux, comme l'absence d'air respirable, la toxicité des radiations et l'incertitude d'avoir accès à de l'eau.

Fin 2012, il a donné une conférence à la Royal Aeronautical Society de Londres centrée sur la technologie aérospatiale pour imaginer, spécifiquement, comment des fusées réutilisables, comme l'avait proposé von Braun en 1952, transformeraient profondément l'économie de la conquête spatiale, et se révéleraient sans doute même le facteur déterminant pour pouvoir vivre sur Mars.

Notant que le coût de lancement d'un *Falcon 9* s'élève environ à soixante millions de dollars et que le carburant en représente seulement 0,3 %, Musk a dit : « Donc, si nous pouvions nous servir mille fois du même *Falcon 9*, les frais d'investissement diminueraient de soixante millions de dollars par vol à soixante mille dollars. À l'évidence, la différence est gigantesque. » Un lanceur *Falcon 9* n'est pas assez gros pour envoyer ne serait-ce qu'un voyageur jusqu'à Mars, mais Musk mettait en relief l'incroyable économie permise par la réutilisation des propulseurs, un facteur considérablement multiplié avec le type d'énormes appareils nécessaires pour établir une civilisation autosuffisante sur Mars.

Sans fusées réutilisables, a poursuivi Musk, « je ne crois tout simplement pas que nous en aurons les moyens, parce que c'est la différence entre une chose qui coûte chaque année 0,5 % du PIB et une autre qui coûte sa totalité ». Puis il a ajouté : « Je pense que la plupart des gens convien-draient, même sans avoir l'intention d'y aller eux-mêmes, que si nous dépensons entre un quart et la moitié de 1 % du PIB pour établir une civilisation autosuffisante sur une autre planète, [ça] en vaut probablement la peine. C'est une sorte d'assurance-vie collective dont les primes paraissent raisonnables et, en outre, ce serait une aventure distrayante à regarder à défaut d'y participer. Exactement comme pour la Lune, seules quelques personnes ont vraiment fait le voyage mais, dans un sens, nous y sommes tous allés par procuration. À mon avis, presque tout le monde dirait que cela a été une bonne chose. Quand les gens se retournent pour se demander ce qui s'est passé de bien au XXe siècle, la Lune figure probablement près du haut de la liste. Je pense donc que cela a de la valeur, même pour quelqu'un qui n'y va pas lui-même. »

Répondant à des questions après la conférence, Musk s'est parfois exprimé comme le P.-D.G. d'une prospère compagnie aérienne plutôt que d'une société aérospatiale au stade du développement. Considérant qu'il ne manque-rait pas de candidats au voyage s'il arrivait à le rendre abor-dable, il a prédit que SpaceX pourrait gagner de l'argent en vendant des billets aller cinq cent mille dollars pièce. Plus récemment, il a dit que les tickets « coûteraient avec un peu de chance moins de cinq cent mille dollars, mais pas loin ».

Tel que l'imagine Musk, le migrant type pour Mars est un homme ou une femme dans la quarantaine qui possède une maison de la classe moyenne d'une valeur de cinq cent mille dollars. Il ou elle déteste peut-être son travail et vend tout pour acheter un billet sans retour en gardant assez d'argent pour financer une petite entreprise.

Lors des questions-réponses à Londres, Musk a déclaré :

« C'est inévitable, établir une base sur Mars va demander de l'argent. Essentiellement pour mettre en place l'indispensable. Appelez ça les "frais d'activation" d'une base martienne. C'était vrai aussi des colonies anglaises. Elles ont nécessité de grosses dépenses pour démarrer. Jamestown ne donnait vraiment pas envie de miser dessus. C'était nul. Il a fallu beaucoup d'efforts pour mettre en place les fondements avant que l'opération ne prenne sa logique économique. Il y a donc cet investissement et nous allons devoir réunir l'argent nécessaire. Mais une fois qu'il y aura des vols réguliers, le moment sera venu de descendre dans la tranche du demi-million de dollars pour un déménagement sur Mars, parce que je crois qu'il y aura suffisamment de gens prêts à payer ça – ils déménageraient sur Mars en vendant ce qu'ils ont sur Terre – pour en faire une affaire commerciale raisonnable. Il n'en faut d'ailleurs pas tant que ça – nous sommes sept milliards et le nombre grimpera sans doute autour de huit milliards d'ici la fin du siècle – et le monde dans son ensemble devient plus riche. Je crois donc que si seulement une personne sur dix mille décide de partir, ce sera suffisant ; même une sur cent mille. »

Le dernier chiffre de l'estimation de Musk – une personne sur cent mille choisissant la vie de pionnier – pourrait signifier une colonie martienne approchant les quatre-vingt mille âmes, la taille d'une petite ville sur Terre. L'idée peut paraître exagérément optimiste, mais en répondant à une question du public, Musk rappela : « Les prédictions sont toujours délicates. À l'aube des vols aériens, quelles auraient été vos prévisions de marché ? Je suppose que la réponse aurait été très loin du compte. Probablement sous-estimée. Même les plus optimistes aux débuts de l'aviation paraîtraient sans doute des pessimistes aujourd'hui. »

En réalité, Musk imagine bien plus qu'une ville martienne de quatre-vingt mille habitants. Il envisage quatre-vingt mille personnes partant d'un coup. « Nous ne développons pas un système destiné à envoyer une poignée de gens, m'a-t-il dit lors d'une interview. Nous concevons un système de transport colonial pour Mars – un système qui, arrivé à maturité, sera capable d'établir une colonie autosuffisante sur la planète. C'est un très gros système. Nous visons une mise en place de la version numéro un avant 2030. Entre 2030 et 2050, nous aurions dix fenêtres de synchronisation orbitale... ce qui signifie qu'en peut-être vingt ans, il pourrait y avoir là-bas quarante ou cinquante mille personnes. »

Musk dit que le *Mars Colonizer* qu'il propose n'aura que deux étages : « Il y a le propulseur, juste pour échapper à la gravité terrestre, et puis l'astronef qui intègre l'étage supérieur et le vaisseau. Avec *Falcon 9*, l'étage supérieur et le vaisseau sont séparés, mais pour le *Mars Colonizer*, ils seront réunis. Le lanceur emportera la fusée à mi-chemin de l'altitude de mise en orbite et l'étage supérieur prendra le relais pour le reste. Puis vous aurez un ravitailleur [en orbite terrestre] pour refaire le plein de carburant. »

Des *Mars Colonizer* se rassembleraient en grand nombre en orbite terrestre. Musk les a appelés « une flotte ». Il a relevé que « si vous voulez avoir une colonie, vous devez envoyer beaucoup de vaisseaux d'un coup. Le moment optimal pour leur départ revient tous les deux ans ; ce que vous voulez, c'est que toute la flotte parte en un jour ou deux. »

Le premier voyage ne concernerait qu'un ou deux vaisseaux, m'a-t-il dit. « Au bout du compte, vous en auriez des centaines ou des milliers. Pour arriver à une colonie de millions de personnes, il faut faire les choses comme ça. Je suis en train de dire que quatre-vingt mille personnes partiront d'un coup tous les deux ans. »

Pour Musk, le parallèle avec la colonisation britannique du Nouveau Monde reste frappant. « C'est exactement comme pour l'Amérique. Combien de bateaux britanniques ont fait le voyage la première fois ? Un. Et si vous faites défiler deux cents ans en accéléré, combien de navires se sont rendus d'Angleterre en Amérique ? Des milliers. Le Nouveau Monde inspirait de l'espoir. Il aurait pu tout aussi bien s'agir de Mars. »

Musk croit que des millions de personnes voudront finalement partir, et les souscriptions pour des projets comme Mars One indiquent qu'il pourrait bien avoir raison. Mais il n'envisage pas non plus de jouer le rôle du joueur de flûte de Hamelin. « La question n'est pas ce que j'ai envie de faire, mais ce que *les gens* vont avoir envie de faire. Je ne sais pas ce que les gens voudront, dans quel état sera le monde ni où en sera SpaceX à ce moment-là. » Mais il ajoute que « le système que nous sommes en train de concevoir sera capable » d'emmener les gens s'ils veulent y aller. « Je crois qu'avec un peu de chance, il y en aura des dizaines de milliers par rendez-vous orbital d'ici 2050. »

Mais revenons un peu en arrière. Avant que ces pionniers ne décollent pour Mars, quelqu'un va bien devoir être le *premier* explorateur.

Selon divers autres projets de mission sur Mars (dont Musk n'est pas l'auteur), deux choses doivent absolument précéder l'arrivée et le séjour d'un être humain sur Mars : la reconnaissance d'un site d'atterrissage et de vie approprié et l'envoi de grandes quantités de fournitures. Dans un scénario idéal, les missions d'approvisionnement précédant la mission habitée érigeront et entretiendront les habitats par des moyens robotiques.

Mars One défend un tel système, avec un rover pour assembler un abri à partir des pièces détachées livrées avant l'arrivée des astronautes. Une multitude de détails techniques restent à régler pour obtenir un atterrissage parfait de vaisseaux cargos, leur connexion par des engins mécaniques ou robotiques, puis le déplacement de la cargaison et la reconfiguration des capsules, mais ils n'ont rien de déraisonnable. Cependant, venir à bout de tous d'ici 2025, comme le propose Mars One, paraît au mieux improbable.

Le projet Mars One semble reposer sur l'utilisation des capsules *Crew Dragon* de SpaceX, qui doivent commencer à assurer des navettes habitées avec la Station spatiale internationale en 2017. La mission semble aussi reposer sur le lanceur *Falcon Heavy* de SpaceX. En développement depuis plusieurs années, le *Falcon Heavy* est un véhicule mixte qui s'inspire beaucoup de la fusée par défaut de SpaceX, le *Falcon 9*, dont il possède trois premiers étages accouplés. Il est conçu pour soulever en orbite une charge utile quatre fois supérieure à celle du *Falcon 9*. Une poussée de deux mille tonnes en fera le lanceur le plus puissant actuel (mais sa capacité de charge restera inférieure de moitié à celle de la fusée *Saturn* 5 de von Braun, qui propulsa la capsule *Apollo* jusqu'à la Lune). SpaceX a signé des contrats de lancement sur plusieurs années, mais les vols d'essai ont pris du retard. En 2011, la NASA a envisagé de l'utiliser, avec un vaisseau *Dragon*, pour une expédition à bas coût de forage sur Mars baptisée Red Dragon. Le projet n'a pas abouti.

Le calendrier de Mars One, publié sur leur site Web, prévoit des vols d'approvisionnement en 2022, puis l'envoi de quatre personnes tous les deux ans à partir de 2024. La page d'accueil du site montre actuellement six capsules de type *Dragon* parfaitement alignées sur le sol de la planète rouge et reliées par des tubes. C'est plus ou moins la stratégie que de nombreux passionnés de Mars comme Robert Zubrin, fondateur de la Mars Society, soutiennent depuis des années. Le projet dépend lourdement d'une solide coopération de SpaceX. Les promoteurs de Mars One déclarent sur le site qu'ils ont « rendu visite » à SpaceX et reçu une lettre d'intérêt. Mais aucun marché n'a été signé entre les deux, et Musk doute que le lanceur *Falcon Heavy* puisse servir à un voyage interplanétaire. Sa fusée *Mars Colonizer* « aura trois fois la poussée du *Falcon Heavy* et deux fois celle de la *Saturn* 5. » En attendant, il y a probablement de nombreux clients de plus haute priorité pour le vaisseau *Dragon* et le *Falcon Heavy* qui pourraient prendre le pas sur Mars One. L'entreprise avait réuni environ six cent mille dollars de donations à la mi-2014. C'est moins de 1 % du coût de lancement d'une capsule *Dragon* en orbite terrestre basse avec un *Falcon 9*. Mars One fait payer les candidats astronautes, ce qui rapportera quelques millions de dollars, et négocie des droits de diffusion, dans la perspective raisonnable qu'un voyage sur la planète rouge pourrait devenir l'émission de téléréalité la plus populaire de tous les temps. Néanmoins, il reste un long chemin à parcourir pour réunir les six milliards de dollars que son P.-D.G., Bas Lansdorp, déclare nécessaires rien que pour le premier équipage.

Jusqu'ici, Mars One apparaît comme un groupe d'optimistes qui veulent coloniser Mars, mais ne s'en sont pas encore donné les moyens. D'autres organisations font des propositions aussi vagues.

En revanche, bien qu'il n'ait pas non plus révélé grand-chose en matière de plans détaillés, il n'est pas difficile de croire Elon Musk quand il déclare que SpaceX emmènera des humains sur Mars, et quand il imagine des millions de personnes sur la planète rouge – une version plus extrême que la plupart des autres suggestions. Sa crédibilité vient du fait qu'il a déjà réussi l'impossible. Tout d'abord, il a totalement révolutionné l'industrie automobile, vieille de cent dix ans, en participant à la création de Tesla Motors. Beaucoup ont ri de Tesla au départ, affirmant qu'un monde de voitures électriques n'existerait pas avant au moins un demi-siècle. Pourtant, deux ans seulement après la mise en vente du Model S, quelque soixante-dix mille sont en circulation et leurs propriétaires peuvent les conduire sans difficulté d'une côte américaine à l'autre, ou de haut en bas de chacune, s'arrêtant pour faire gratuitement le plein de « carburant » dans l'une des cent soixante-quatorze stations prévues à cet effet (selon Tesla Motors). Si vous équipez votre toit de panneaux photovoltaïques, votre Tesla peut rouler à l'énergie solaire. Partout, de plus en plus de centres commerciaux et de parkings possèdent des bornes de recharge. Elles sont souvent gratuites. La popularité des voitures Tesla ne montre aucun signe de fléchissement et Musk se prépare à en fabriquer cinq cent mille par an d'ici 2020. De grandes marques automobiles comme Ford, Toyota et General Motors se démènent pour rattraper leur retard. Bien avant qu'elles n'y arrivent, Tesla proposera un véhicule électrique abordable pour le marché de masse. D'ici dix ans, le moteur à combustion interne aura toutes les chances de ressembler exactement à ce qu'il est – une machine qui transforme l'essence en beaucoup plus de chaleur que de déplacement, une étrange antiquité. Musk récidive avec SpaceX, révolutionnant notre manière d'aller dans l'espace.

Aiguillonnées par les projets audacieux de Musk et l'engagement de la NASA à se servir un jour de son système *Orion* pour déposer des êtres humains sur Mars, toutes les puissances spatiales sont entrées dans la course pour établir une présence sur la planète rouge. En 2016, l'Agence spatiale européenne s'associera avec Roscosmos, l'Agence spatiale fédérale russe, pour lancer une sonde en orbite martienne. (Il convient de noter que ce n'est pas la première mission de ce genre de l'ASE, qui avait envoyé *Mars Express* en 2003.) Elle mesurera les gaz en traces – ceux qui composent moins de 1 % de l'atmosphère. En 2018, les deux organisations prévoient de poser un véhicule sur le sol. Les Russes ont aussi parlé de construire une énorme fusée pour rivaliser avec le Space Launch System de la NASA. Elle pourrait servir à une mission habitée sur Mars vers 2030. En attendant, les Chinois ont annoncé préparer l'envoi vers 2020 d'un rover martien semblable à celui qu'ils ont posé sur la Lune en 2014.

6 Vivre sur Mars

Les êtres humains ont besoin de quatre choses pour survivre sur Terre : de la nourriture, de l'eau, un abri et des vêtements. Il leur en faut cinq pour survivre sur Mars : de la nourriture, de l'eau, un abri, des vêtements et de l'oxygène. Réussir à fournir ces cinq ressources essentielles assurera l'avenir de l'humanité comme espèce interplanétaire.

Le dilemme de l'eau

Privé d'oxygène, notre cerveau subit des lésions au bout de quatre minutes et la mort survient, estime-t-on, au plus tard au bout de quinze. Mais personne ne s'attend à ce que nous disposions d'oxygène sur Mars. Il nous faudra fabriquer le nôtre. Et nous pourrons le faire avec de l'eau – si nous arrivons à en trouver. Si nous en découvrons, nous pourrons produire de l'oxygène de plusieurs manières, dont, simplement, par électrolyse : la décomposition d'un liquide au moyen d'un courant électrique. En conséquence, l'eau est l'élément le plus déterminant pour la survie humaine sur la planète rouge, en particulier parce qu'il est trop lourd pour être apporté de la Terre. Si Mars n'en recèle pas comme nous l'espérons, il nous sera impossible d'y vivre.

Il y a de nombreuses années, quand ses divers orbiteurs et atterrisseurs martiens n'en étaient encore qu'au stade du dessin, la NASA a pris une décision importante : « suivre l'eau ». Il ne s'agissait pas de viser la colonisation d'une planète, mais de faciliter la recherche d'une vie extraterrestre. Pas d'eau, pas de vie. Il paraît aujourd'hui un peu ironique que la NASA, à force de chercher s'il y avait de la vie sur Mars, nous ait en réalité conduits à une conclusion complètement différente : il *peut* y avoir de la vie sur Mars – de la vie humaine.

Les informations recueillies par différents vaisseaux, dont *Curiosity*, le *Mars Reconnaissance Orbiter*, *Mars Odyssey*, *Mars Express* et même les atterrisseurs *Viking*, qui remontent aux années 1970, ont établi la présence d'eau sur Mars. Mais il a fallu attendre que *Phoenix* se pose sur la calotte glaciaire nord en 2008 pour avoir une confirmation indubitable que cette eau, gelée, existe et qu'elle est aisément accessible dans le sol, appelé « régolithe ».

La superficie de Mars équivaut à environ 28 % de celle de la Terre, mais sa surface émergée est presque la même, car les océans, les lacs et les cours d'eau recouvrent 70 % de notre planète. Le sol martien n'est nulle part submergé, avec une très importante distinction : il pourrait recéler plus de quatre millions de kilomètres cubes d'eau, mais presque uniquement sous forme de glace. En conséquence, de l'eau peut apparaître sur Mars de temps en temps dans des circonstances atmosphériques spéciales, mais tant que l'atmosphère ne sera pas devenue bien plus dense et que les températures de surface resteront aussi basses, elle coulera rarement.

Cette glace se trouve principalement aux pôles Nord et Sud, pour partie en dessous de dioxyde de carbone gelé. Si tout fondait, un océan de plusieurs centaines de mètres de profondeur s'étendrait sans doute sur la planète. C'est beaucoup d'eau, mais loin de correspondre à ce qui a jadis coulé selon les études géologiques. Un océan a peut-être recouvert jusqu'à un tiers de Mars et il subsiste des dizaines de milliers de vallées pluviales et les lits de nombreux grands lacs. Une portion d'Elysium Planitia, une immense plaine proche de l'équateur, pourrait être une banquise fragmentée aussi vaste que la mer du Nord.

Si la glace paraît exister en abondance, la proportion qu'elle pourrait représenter dans un mètre cube de régolithe varie grandement selon les estimations : de 1 à 60 %. De nombreux petits lacs de glace se trouvent juste en dessous de la surface, et beaucoup semblent concentrés dans une bande proche de l'équateur. Des mares d'eau gelée constitueraient une très heureuse découverte pour des pionniers.

Une partie de l'eau jadis sous forme liquide s'est probablement évaporée dans l'espace quand la planète a perdu son atmosphère. La sonde MAVEN, actuellement en orbite martienne, est en train de nous en apprendre beaucoup à ce sujet. Pour le reste, une grande quantité s'est peut-être enfoncée en sous-sol, mais la majeure partie reste sans doute bloquée en surface sous forme de glace. Si les immigrants martiens mesurent leur « richesse » initiale en termes de ressources en eau, ils pourraient fort bien se retrouver pleins aux as. Si Mars s'était révélée aussi aride qu'elle l'est parfois apparue sur les images obtenues par télescope ou lors des premiers survols, nous serions peut-être en train d'envisager de migrer sur une planète bien plus étrange : Vénus.

Trouver de l'eau sur Mars ne s'est pas révélé difficile jusqu'à présent, mais la rendre liquide sera un véritable défi pour les premiers colons. Pour beaucoup, le problème dépendra avant tout de la quantité d'énergie humaine nécessaire pour l'extraction. Ce que nous repérons principalement est sans doute de la glace mêlée au régolithe, ce qui en ferait un type de permafrost impénétrable sans un marteau-piqueur. Liquéfier l'eau imposerait de recourir à des techniques minières et à une importante machinerie coûteuse en énergie. Ces premiers colons auraient donc beaucoup de chance s'ils trouvaient un petit lac de glace pure.

La découverte d'eau liquide offrirait le meilleur des scénarios possibles. Il y en a peut-être en sous-sol. Les spéculations sur la présence de nappes souterraines abondent, mais personne n'en a encore confirmation. Les premiers arrivants devront forer à des profondeurs au minimum modérées s'ils veulent atteindre une telle réserve. Extraire de l'eau de la surface de Mars, ou d'un puits, ne relève pas de la science astronautique, mais nécessitera des outils spécifiques à la tâche, entre autres des fours et des dispositifs de distillation (sinon, forer créerait des volcans de glace, l'eau gelant en atteignant la surface).

Un des scénarios envisagés prévoit que les colons détacheront au marteau-piqueur des fragments de régolithe et que des missions d'approvisionnement ultérieures livreront des petits véhicules de type bulldozer/camion pour augmenter les capacités de production. Le régolithe sera chauffé dans des fours jusqu'à transformation de la glace en vapeur, qui sera ensuite distillée et filtrée pour obtenir de l'eau potable. Il y aura une grande quantité de déchets à gérer et le processus exigera de l'énergie. Des cellules photovoltaïques en fourniront une partie, mais un petit réacteur nucléaire devra sans doute en produire l'essentiel.

• • •

Pratiquement rien de ce qui a trait à la vie sur Mars au cours des premières années n'impliquera d'équipement et de fournitures déjà disponibles sur Terre. Comme pour les voitures Tesla d'Elon Musk, les outils et appareils destinés à la planète rouge exigeront presque tous une sérieuse réflexion. Une personne forant en quête d'eau ne peut pas se permettre de découvrir à mi-chemin qu'elle a commis l'erreur de ne pas anticiper un problème spécifique – par exemple, un dépôt minéral qui nécessite un trépan spécial. Pour qu'il soit raisonnable d'espérer survivre, toutes les éventualités devront être prévues.

Que faire si les premiers astronautes sur Mars découvrent que toute tentative de traiter le régolithe, d'atteindre une nappe d'eau ou de détacher des morceaux de glace de surface échoue lamentablement ? Il existe une bonne option de secours. *Viking*, le premier vaisseau à se poser intact sur la planète en 1976, nous a appris que son atmosphère, bien que ténue, est humide, dans le sens où son taux d'humidité est souvent de 100 %. Une étude publiée par l'université de Washington en 1998 présente un appareil appelé WAVAR, pour WAter Vapor Adsorption Reactor[1], qui pourrait en extraire suffisamment de H_2O pour répondre à des besoins humains. L'article précise, globalement, que « l'atmosphère de Mars est la source d'eau la mieux définie et la plus générale de la planète... [Bien que Mars possède] une atmosphère extrêmement sèche comparée à celle de la Terre... en moyenne, elle contient autant d'eau que possible sur une base quotidienne, soit une humidité relative de 100 % la nuit... à la plupart des saisons et latitudes. »

Le WAVAR utilise des minéraux adsorbants appelés « zéolites » qui, sur Terre, existent dans la nature et sont faciles à fabriquer commercialement. (Dans certains

1 N.D.T. : réacteur d'adsorption de vapeur d'eau.

déshumidificateurs industriels, ils servent à assécher l'air ambiant.) La thèse démontre ensuite à quel point le processus peut être simple : « Le ventilateur aspire l'atmosphère martienne dans le système à travers un filtre à poussière. Le gaz filtré traverse le lit adsorbant qui soustrait la vapeur d'eau du flux. Quand le lit atteint la saturation, la vapeur d'eau est désorbée, condensée et acheminée par tuyau pour stockage. L'appareil ne possède que sept composants : un filtre, un lit d'adsorption, un ventilateur, une unité de désorption, un mécanisme de rotation du lit, un condensateur et un système de contrôle actif. »

Afin de garder l'encombrement et la masse de la mission aussi réduits que possible, le WAVAR est conçu pour atteindre le sol martien dans un envoi de cargaison et commencer à fournir de l'eau deux ans avant l'arrivée d'un équipage d'astronautes.

Pour répéter ce qui devrait maintenant être évident : si Mars possède bien l'eau que nous croyons, il est plausible que des êtres humains puissent y vivre.

Le dilemme de l'oxygène

Se pose ensuite le problème de l'oxygène. Quand vous venez à en manquer dans une combinaison spatiale, inhaler le dioxyde de carbone que vous exhalez conduit rapidement à la perte de conscience. La mort suit de près. Les êtres humains ne peuvent pas supporter dans l'air qu'ils respirent une proportion de CO_2 supérieure à 5 % au-delà d'une très courte période, entre autres parce que l'évolution les a dotés d'un mécanisme de défense qui les fait s'évanouir s'ils sont soumis à une dose excessive.

De ce point de vue, Mars apparaît comme un lieu très hostile ; son atmosphère ne contient pratiquement pas d'oxygène. Selon les mesures effectuées en 2012 par le robot mobile *Curiosity*, l'« air » martien comprend 2 % d'azote, 2 % d'argon, 95 % de dioxyde de carbone et des traces de monoxyde de carbone et d'oxygène. Les proportions varient légèrement avec les saisons, parce que certains gaz gèlent aux pôles pendant les mois d'hiver et ne sont relâchés qu'au printemps. Bien qu'il y ait moins de 1 % d'oxygène libre dans l'atmosphère, il existe beaucoup d'oxygène sur Mars. Le secret repose dans la composition du dioxyde de carbone, soit, en poids moléculaire, 28 % de carbone et 72 % d'oxygène. Avec 95 % de CO_2, l'atmosphère contient donc, en masse, au moins 70 % d'oxygène. Et même avec une atmosphère cent fois moins dense que celle de la Terre, cela en fait beaucoup.

L'eau que les pionniers arracheront au sol de la planète rouge en recèle encore davantage, l'oxygène comptant pour environ 99 % de sa masse. Et les humains ont acquis une certaine expertise dans une technologie simple appelée « l'électrolyse » qui permet de briser les molécules d'eau en hydrogène et en oxygène. Elle consiste à la placer dans un réservoir où un courant circule entre deux électrodes. Voilà ! L'oxygène peut être collecté d'un côté, près de l'anode. L'hydrogène récupéré près de la cathode offre un excellent carburant et une source d'énergie. Pratiquement tous les élèves américains étudiant la chimie au lycée se sont livrés à cette expérience au cours de leurs travaux pratiques. Et il y a un bonus : l'hydrogène et l'oxygène une fois séparés forment un excellent propergol. Le seul problème posé par l'électrolyse ne manquera pas de frustrer les premiers colons : elle consomme beaucoup d'électricité.

Par chance, la NASA s'est déjà attaquée au problème de l'oxygène. Quand elle lancera le successeur de *Curiosity* en

2020, celui-ci emportera une pile à combustible capable de transformer le CO_2 de l'atmosphère martienne en oxygène et en monoxyde de carbone.

L'appareil porte le nom de MOXIE, pour Mars OXygen In situ resources utilization Experiment[2]. Il utilise un processus similaire à l'électrolyse, mais dans l'air et avec des céramiques à haute température. « Une différence de potentiel à travers la céramique sépare les ions d'oxygène obtenus par catalyse à sa surface », explique le Dr Michael Hecht, investigateur principal de l'instrument MOXIE et directeur adjoint pour la gestion de la recherche au Haystack Observatory du MIT. Ce que la NASA cherche à prouver avec MOXIE, c'est qu'il est possible de produire non pas tant de l'oxygène respirable qu'un oxydant pour la propulsion des fusées. L'oxygène pèse beaucoup plus lourd que des carburants comme l'hydrogène ou le méthane. L'agence est donc obsédée par l'idée de le fabriquer sur Mars, ce qui sera bien plus efficace pour des voyages de retour que de devoir l'emporter de la Terre.

Le module MOXIE du prochain rover martien produira seulement environ quinze litres par heure d'oxygène à température et pression standard. Cela paraît peu mais, selon Hecht, « MOXIE peut produire suffisamment d'oxygène en continu pour permettre à un être humain de respirer s'il n'est pas trop actif ». Si MOXIE fonctionne comme prévu, la NASA compte l'augmenter cent fois de taille, même s'il faut un réacteur nucléaire pour l'alimenter en énergie.

« MOXIE est conçu comme une maquette au centième de l'usine qui subviendrait finalement aux besoins d'une

2 N.D.T. : expérience d'utilisation de ressources in situ pour l'oxygène sur Mars.

mission humaine, dit Hecht. L'idée est de commencer par installer une station robotique comprenant le réacteur nucléaire et l'usine d'oxygène, puis d'envoyer des astronautes trente-six mois plus tard après confirmation que le réservoir d'O_2 est plein et que le réacteur fonctionne. »

Sur Terre, nous respirons une atmosphère composée, *grosso modo*, de 78 % d'azote (précisément de diazote) et 21 % d'oxygène. Les êtres humains peuvent supporter de nombreux mélanges de gaz, entre autres d'hélium et d'oxygène, mais pas un cocktail formé à 20 % d'oxygène et à 80 % de dioxyde de carbone. Le complément de l'oxygène se doit d'être non réactif, ou inerte, comme l'argon ou l'hélium. L'azote n'est pas normalement considéré comme un élément chimique inerte, mais le lien entre les deux atomes du diazote est si fort que la molécule a tendance à ne pas avoir de réactions chimiques avec d'autres.

Le dilemme de la nourriture

Pour survivre sur Mars, les êtres humains devront pouvoir s'alimenter. La science de l'agriculture est un domaine de recherche très développé dans de nombreuses parties du monde, y compris aux États-Unis. En conséquence, maints candidats au doctorat ont passé des années à essayer d'imaginer dans le détail comment faire pousser des plantes sur la planète rouge. (Les colons seront végétariens, que cela leur plaise ou non, car l'élevage offre un rendement radicalement inférieur.) Si les premiers pionniers se posent près de l'équateur, les journées seront suffisamment chaudes pour utiliser des serres gonflables. Elles devront bénéficier d'une bonne isolation, de dispositifs solaires passifs, comme des pierres exposées au soleil pour absorber la chaleur, et d'un chauffage électrique pour compenser la sévère baisse de température pendant la nuit. Elles exigeront aussi une atmosphère plus dense que celle qui existe à l'heure actuelle sur Mars. Aux alentours du solstice, environ douze heures d'obscurité succèdent à douze heures d'ensoleillement lors d'une journée martienne type. Les estimations sur la pression nécessaire à l'intérieur d'une serre martienne varient, mais les botanistes espèrent réussir à cultiver des végétaux dans des environnements où elle s'élève à un dixième de la pression atmosphérique terrestre. Des expériences menées dans la Station spatiale internationale nous ont appris que des plantes poussent en apesanteur, mais personne ne connaît avec certitude l'effet qu'aura sur leur croissance la gravité martienne, inférieure d'environ 62 % à celle de la Terre.

Nous en savons assez sur le régolithe martien pour ne pas douter qu'une grande partie fera un bon sol, encore que cela dépendra dans une certaine mesure de l'endroit exact d'où il provient. Les échantillons étudiés par des atterrisseurs et les analyses de météorites d'origine martienne tombées sur Terre indiquent qu'il existe en surface une forme d'argile répandue sur notre planète et connue sous le nom de « smectite ». La litière pour chat en contient souvent. Sa capacité d'absorption la rendrait propice à la culture. Néanmoins, les substrats martiens pourraient se révéler trop acides ou trop alcalins, exigeant un rééquilibrage et l'ajout d'engrais, entre autres azotés. L'hydroponie – la culture hors-sol dans une eau riche en nutriments – offrirait les meilleures garanties de résultats, à condition que l'eau soit disponible en abondance et puisse être gardée liquide.

Angelo Vermeulen, le biologiste et artiste qui a vécu pendant des mois dans une simulation d'environnement martien, déclare : « Personnellement, je ne suis pas convaincu que des serres fonctionneront. Il y a trop peu d'ensoleillement et trop de radiations. Elles font joli sur une carte postale mais ne sont pas pratiques. » Il imagine plutôt des « chambres de croissance » hydroponiques installées sous tumulus ou dans des tubes de lave naturels pour les abriter du rayonnement solaire. « Faire pousser de la nourriture sur Mars repose entièrement sur le contrôle, dit Vermeulen. Il vous faut une maîtrise précise de l'environnement. Avec un éclairage LED, vous pouvez contrôler la fréquence, le spectre et l'intensité de la lumière. En hydroponie, l'eau et les nutriments sont surveillés de près, offrant une meilleure garantie d'avoir une bonne récolte. »

À l'intérieur des chambres de croissance et des serres, les premiers colons devront abaisser le pourcentage de dioxyde de carbone, trop élevé dans l'atmosphère martienne. Néanmoins, ce gaz peut favoriser à haute dose la croissance et la production. « Vous pouvez ajuster le CO_2 et voir ce qui fonctionne le mieux », dit Vermeulen. L'ensoleillement global est d'environ 60 % de celui de la Terre. À midi, l'énergie disponible pour la croissance végétale est d'environ six cents watts par mètre carré contre mille sur notre planète. Ce qui correspond à l'énergie rayonnée sur Terre l'après-midi quand le Soleil se trouve à 35° au-dessus de l'horizon. Visualiser une journée d'hiver dans des villes comme Milan, Chicago, Pékin et Sapporo en offre peut-être une meilleure image.

Les aliments cultivés devront être aussi nourrissants que possible tout en demandant très peu de place. Riches en protéines et en fibres, les haricots risquent fort d'entrer dans un régime martien, mais les recherches sur la gamme de cultures à adopter restent en cours. Des champignonnières pourraient utiliser le compost obtenu avec les débris végétaux non comestibles. Si Vermeulen compose le menu, des insectes y figureront également : « Des insectes devront faire partie de l'alimentation des astronautes. Les sauterelles et les criquets sont croustillants et pleins de protéines. J'aime aussi les vers de farine séchés. Dans l'un de mes projets, nous les faisons frire et les mettons dans des salades. »

La laitue et les autres légumes-feuilles seront un luxe, mais un luxe important. « La laitue n'est pas idéale. Elle a une faible valeur nutritive pour un volume relativement important. Mais elle produit un bon effet psychologique – elle est fraîche et craquante. »

Le biologiste ne comprend pas qu'il y ait encore des gens pour croire que les astronautes se nourrissent d'aliments en tube. « Ils veulent bien manger. Et ils veulent le faire ensemble. Dans la Station spatiale internationale, ils ont demandé à ce que soit rapportée une table qui avait été enlevée afin de prendre des repas en commun. Ils veulent un souvenir de l'endroit d'où ils viennent – un lien avec leur culture et leur identité. Les astronautes chinois et russes préfèrent des aliments différents de ceux qui plairaient à un Américain. »

Une récente expérience de cinquante-cinq jours, financée par le ministère néerlandais des Affaires économiques et menée dans une serre aux Pays-Bas, a donné des résultats très encourageants sur notre capacité à cultiver sur Mars, bien qu'elle n'ait pas reproduit la gravité ou l'ensoleillement réduits. La NASA a fourni aux maraîchers hollandais de la terre provenant d'Haïti et d'Arizona qu'elle pense similaire au régolithe martien. Environ quatre mille deux cents graines ont été plantées, et toutes ont germé dans l'imitation de sol martien. Retenant bien l'eau, comme prévu, il a paru favorable à des plantes comme le cresson, les tomates, le seigle et les carottes. D'autres expériences se poursuivent, dont une d'initiative canadienne sur Devon Island et une deuxième sous une serre de la Mars Society dans l'Utah.

Quels que soient nos succès agricoles sur Mars, ils n'assureront au début qu'une faible partie de l'alimentation. Pour l'essentiel, la nourriture viendra de Terre. « Je ne crois pas possible d'arriver à l'autosuffisance, dit Vermeulen. Sincèrement, si nous arrivons à produire 10 % de ce que nous mangeons, ce sera un bon départ. » C'est en partie dû à ce que les chambres de croissance et le matériel qu'elles exigent sont coûteux en termes de masse et d'énergie. Et quand il s'agit de voyager dans l'espace et de vivre sur une autre planète, masse et énergie emportent la décision.

Le dilemme du logement et des vêtements

De même que les plantes auront besoin d'un abri spécial aux premiers temps de la colonisation, les êtres humains, eux aussi, dépendront pour leur survie de vêtements et de logements adaptés.

Des fusées en métal et des bâtiments gonflables n'offrent pas des moyens durables de résister à l'environnement hostile de Mars. Il faut se prémunir de deux sortes de radiations : les radiations solaires et les radiations cosmiques. Ce sont les radiations solaires, des particules chargées en énergie capables de percer le bouclier de l'atmosphère, qui nous donnent des coups soleil sur la plage. Les rayons cosmiques, qui se propagent en un flux permanent de petites quantités sporadiques, proviennent de sources mystérieuses situées en dehors de notre système solaire. Leur niveau énergétique bien plus élevé les rend beaucoup plus dangereux. L'atmosphère terrestre en réduit grandement la nocivité. Ce rayonnement n'est pas arrêté par la peau – il traverse aisément des métaux extrêmement épais et peut semer le chaos dans des appareils électroniques. Sa haute énergie rend difficile de s'en protéger. Les gens vivant en altitude dans les montagnes Rocheuses et les pilotes des vols transocéaniques en absorbent beaucoup. Il ne fait aucun doute que plus on y est exposé et plus l'on risque de mourir d'un cancer, même si le risque n'augmente que de quelques pour cent. À la longue, presque toute exposition aux radiations est mauvaise pour la santé humaine.

Actuellement, la NASA envisage d'élever le seuil de radiations qu'elle juge acceptable sur une mission pour les astronautes effectuant de longs trajets comme celui jusqu'à Mars. La mince atmosphère de la planète rouge devrait se révéler raisonnablement imperméable au rayonnement provenant du Soleil. Mais une éruption solaire en ligne directe, ce qui se produit assez rarement mais ne peut être exclu, aurait bien entendu à long terme des effets nocifs sur des êtres humains. Les habitants de Mars devront se protéger sous autant de mètres que possible de régolithe ou de rochers. Se trouver dans l'axe d'une tempête solaire imposera de se réfugier dans une grotte profonde ou l'équivalent.

Le projet Mars Direct peaufiné depuis des dizaines d'années par Robert Zubrin prévoit des édifices aux toits en voûte, semblables à ceux qu'ont perfectionnés les Romains, construits avec des briques qui pourraient être façonnées sur place à partir de régolithe. De tels bâtiments serrés les uns contre les autres fourniraient un abri extraordinaire aussi bien contre le froid que contre les radiations solaires et cosmiques, surtout s'ils ont une couverture de quelque trois mètres d'épaisseur.

Les partisans d'une colonisation de la planète rouge affirment aussi que les astronautes devraient réussir à se servir de matériaux qui y sont répandus pour fabriquer du plastique utilisable en construction, ainsi que du fer et peut-être même de l'acier et du cuivre. Toutes ces projections ont fait l'objet d'une réflexion raisonnablement approfondie mais exigent d'exorbitantes quantités d'énergie et beaucoup d'équipements spécialisés. Zubrin imagine de petits camions équipés d'une lame de bulldozer pour déplacer et soulever le régolithe rendu extrêmement dur par le gel.

Des stratégies efficaces pour se loger apparaîtront avec l'expérience. Tout au long de l'histoire, les êtres humains se sont brillamment adaptés à leurs environnements, tirant parti des ressources locales pour se doter d'abris appropriés à des conditions spécifiques. La même chose se produira sur Mars, mais les premiers colons devront peut-être se contenter de grottes, de fissures, ou de tubes de lave pour disposer d'une protection fiable contre les radiations. À terme, une fois Mars « terraformée », l'augmentation de la densité atmosphérique réduira les dangers du rayonnement.

L'habillement doit aussi jouer un rôle dans la protection des colons contre les radiations et le froid. Et des vêtements peuvent seuls résoudre un problème particulier : le manque de pression atmosphérique. Sur Terre, nous vivons sous une très haute couche de gaz. Tendez le bras et essayer d'imaginer les kilomètres d'air au-dessus de vous qui pèsent sur chaque centimètre carré de peau. Au niveau de la mer, cette atmosphère exerce en moyenne une pression d'un kilogramme par centimètre carré. Et nos corps exercent, en permanence, une force contraire pour y résister. Sur Mars, où la pression de l'atmosphère représente moins d'un centième de celle régnant sur Terre, aucun être humain ne pourrait vivre longtemps sans une combinaison pressurisée équilibrant cette poussée vers l'extérieur. Contrairement aux problèmes posés par l'eau, l'oxygène, la nourriture et même le logement, il n'existe pas d'autre solution que de porter en permanence une combinaison, à moins de rester enfermé dans des containers pressurisés.

Dava Newman, professeur en astronautique au MIT, travaille sur des modèles de combinaisons spatiales souples, non pressurisées et plus légères pour la « locomotion planétaire. » « Physiologiquement, dit-elle, il suffit de procurer environ un tiers de la pression atmosphérique régnant sur Terre », soit quelque trois cents grammes au centimètre carré. Ses combinaisons ressemblent plus à des vêtements qu'à de volumineuses capsules. Pour son BioSuit à effet seconde peau, elle utilise des polymères et des alliages à mémoire de forme pour créer une tenue protectrice plus élastique et moins encombrante que les combinaisons pressurisées actuelles.

Pour gagner en mobilité, Newman préfère limiter au minimum le blindage antiradiations. « Je ne veux pas ajouter ces couches à une combinaison, parce qu'un véritable bouclier est lourd et massif. Avons-nous besoin d'une protection contre les radiations ? Absolument, mais nous n'en avons peut-être besoin que d'un peu dans la combinaison », parce que les astronautes passeront la majeure partie de leur temps dans un véhicule ou un habitat blindé. « Quand nous nous poserons sur Mars, dit Newman, nous connaîtrons déjà l'environnement de rayonnement grâce à tous les atterrisseurs et orbiteurs que nous avons envoyés au cours des dernières décennies. »

Toutes ces questions peuvent se résumer à un unique défi : comment réussir à vivre dans un environnement aussi inhospitalier ? La solution repose sur l'invention de techniques de réchauffement qui augmenteront la densité de l'atmosphère – en résumé, réaménager toute la planète pour la rendre plus semblable à la Terre. Ce processus porte le nom de « terraformation » et le mener à bien prendra des siècles. Mais il est réalisable et sera réalisé.

7 Transformer Mars à l'image de la Terre

Nous nous sommes révélés incroyablement aptes à nous adapter à des conditions de vie inhabituelles, nous accommodant aisément d'environnements aussi hostiles que les forêts pluviales amazoniennes ou les nappes de glace éternelle du nord du Groenland. Néanmoins, nous allons certainement nous lasser des appareils de réinspiration, du besoin constant de surveiller le taux d'oxygène et du froid intense de Mars. Nous allons donc naturellement porter notre attention sur les moyens de rendre son atmosphère respirable et de réchauffer la température de surface.

À ce stade, il convient de préciser que, parmi les scientifiques qui ont étudié l'évolution de la planète rouge et dévoré les informations recueillies par les sondes que nous envoyons là-bas depuis les années 1960, nombreux sont ceux qui pensent qu'elle possédait jadis des cours d'eau, des lacs et au moins un océan, ainsi qu'une atmosphère humide. La vie pourrait y avoir apparu.

Heureusement pour les êtres humains, il existe une relation entre l'eau, la densité atmosphérique et la chaleur. En voici une présentation simple : parvenir à réchauffer Mars devrait libérer des gaz actuellement gelés qui enrichiraient l'atmosphère et augmenteraient sa densité, déclenchant un effet de serre. Les températures s'élèveraient, faisant fondre la glace de surface, notamment près de l'équateur. De l'eau coulerait. Sous sa forme liquide (et avec une atmosphère appropriée), elle permettrait des cultures à l'extérieur des serres. À leur tour, celles-ci dégageraient de l'oxygène. Comme sur Terre, les clés de la vie et de l'écologie sont inextricablement imbriquées.

Ce processus de réingénierie est appelé « terraformation ». Il serait plus précis d'utiliser la formule « ingénierie planétaire. » La NASA parle d'« écosynthèse planétaire ». L'invention du terme « terraformation » est souvent attribuée à divers auteurs de science-fiction, mais l'astronome Carl Sagan a publié, en 1961, dans la prestigieuse revue *Science*, un article dans lequel il proposait de « terraformer » Vénus pour la rendre habitable à des humains.

Cette terraformation coûtera extrêmement cher, et il faudra peut-être mille ans avant qu'il soit possible de marcher à la surface de Mars dans un environnement assez proche de celui de la côte ouest du Canada. Mais si nous parvenons à élever la température aux bons endroits, même de seulement quelques degrés, la vie deviendra bien plus agréable qu'elle ne le sera ce jour de 2027 où arriveront les premiers astronautes. Des modifications spectaculaires des conditions de vie en extérieur peuvent survenir en l'espace de seulement quelques siècles.

Il existe plusieurs scénarios de réchauffement de Mars, la première étape de sa terraformation. Par bien des facettes, l'approche la plus sexy, et celle promettant les résultats les plus rapides, consiste simplement à construire d'immenses miroirs pour réfléchir la lumière solaire vers la planète. Il serait particulièrement efficace de la diriger vers les régions polaires méridionales, où une épaisse couche de glace sèche recouvre l'eau gelée. Ces miroirs représenteraient toutefois la méthode la plus coûteuse et la plus délicate d'un point de vue technologique. Ils permettraient néanmoins d'avoir en quelques années des cours d'eau liquide près de l'équateur en journée. Les miroirs utilisés à cette fin seraient flexibles, comme des voiles solaires, et constitués de films de polyamide recouverts d'une pellicule extrêmement fine d'aluminium. Et il faudrait qu'ils soient incroyablement étendus – d'une largeur de quelque deux cent cinquante kilomètres. Leur poids, probablement trop élevé pour un transport depuis la Terre, imposerait une fabrication sur place. Nous pourrions peut-être recycler une voile solaire utilisée pour un vaisseau de ravitaillement empruntant la longue route jusqu'à Mars. Elle fournirait une partie de la propulsion nécessaire pour le voyage et, à l'insertion en orbite, serait détachée et placée à un endroit où elle réfléchirait les rayons du Soleil. Des miroirs pourraient n'être aussi que d'un niveau technologique remarquablement faible. En des points spécifiques, les rayons solaires exerceraient une poussée constante qu'équilibrerait la force d'attraction de la planète. Les miroirs deviendraient des satellites d'un type qui a reçu le nom de « statite ».

Cette méthode de réchauffement a la faveur de Robert Zubrin, qui estime qu'un unique miroir de deux cent cinquante kilomètres de large pourrait élever de dix degrés la température de la zone polaire sud, assez pour libérer dans l'atmosphère de grandes quantités de dioxyde de carbone, un gaz au puissant effet de serre. Ce dégagement de CO_2 provoquerait une sorte de phénomène d'emballement, faisant fondre la glace aqueuse de surface dans le régolithe, ce qui produirait de la vapeur d'eau, un autre gaz au puissant effet de serre. Un miroir de cinq cents kilomètres de large doublerait l'augmentation de température.

Un autre scénario restant dans le domaine du plausible implique de trouver dans la ceinture d'astéroïdes un gros rocher contenant de l'ammoniac gelé. À terme, pour que des êtres humains respirent sur Mars sans équipement spécialisé, l'atmosphère devra contenir un gaz tampon. Sur Terre, c'est l'azote qui joue ce rôle. Il compte pour environ 78 % de l'air que nous inhalons. L'ammoniac (NH_3) est un composé d'azote et d'hydrogène. Si nous parvenions à dérouter un astéroïde riche en ammoniac sur une trajectoire de collision avec Mars, l'impact qui en résulterait ferait au moins deux choses : dégager de la chaleur et augmenter la proportion de gaz à effet de serre. La chute d'un gros astéroïde suffirait à elle seule à élever la température de trois degrés. Malheureusement, elle pourrait tout aussi bien avoir un effet désastreux : provoquer l'équivalent d'un hiver nucléaire, tant de débris opacifiant l'atmosphère que la planète refroidirait avant de se réchauffer, ce qui retarderait grandement l'agenda d'une terraformation. En outre, l'ammoniac est caustique, et en avoir beaucoup dans l'atmosphère imposerait aux humains des conditions pires qu'un supplément de dioxyde de carbone. À long terme, cependant, le rayonnement solaire briserait les molécules d'ammoniac en hydrogène et en azote. Une partie de l'hydrogène réagirait avec l'oxyde de fer du régolithe pour former de l'eau. Une autre se dissiperait probablement dans l'espace du fait de la faible gravité martienne.

Une autre solution, peu réaliste, prévoit l'envoi d'astronefs robotiques dans un endroit comme Titan, une lune de Saturne riche en hydrocarbures. L'idée serait de trouver un moyen de pomper du méthane liquide, qui y coule librement et forme de petits océans. Relâchés dans l'atmosphère martienne, ces hydrocarbures produiraient les gaz à effet de serre que sont la vapeur d'eau et le CO_2.

Nous avons appris à nos dépens que certains gaz à base de fluor ont un effet de serre supérieur à celui du CO_2 ou de la vapeur d'eau. Les chlorofluorocarbones, ou CFC, en offrent un exemple. Nous les avons bannis de tous nos vaporisateurs, réfrigérateurs et climatiseurs parce qu'ils détruisent la couche d'ozone. Mais sur Mars, ils pourraient se révéler la solution idéale. Les éléments utilisés pour obtenir des perfluorocarbones (PFC) dans une usine terrestre sont, pense-t-on, naturellement disponibles sur Mars. Nous construisons de telles usines pour alimenter nos réfrigérateurs et climatiseurs depuis des décennies. Nous connaissons cette technologie sur le bout des doigts. Mais obtenir suffisamment de PFC pour influer sur l'atmosphère martienne exigerait d'énormes installations employant des milliers de personnes, un scénario improbable avant que Mars ne possède sa première ville.

Le procédé le moins cher pour réchauffer la planète rouge pourrait être l'utilisation de bactéries qui convertiraient de l'azote et de l'eau en ammoniac ou créeraient du méthane à partir d'eau et de dioxyde de carbone. Le piège, c'est l'eau. Il faut réchauffer la planète pour disposer de H_2O liquide, mais impossible de réchauffer la planète sans H_2O liquide. C'est un problème fait pour un scientifique comme John Craig Venter, l'un des premiers à avoir cartographié le génome humain. Venter essaie depuis longtemps d'obtenir des microorganismes génétiquement modifiés. Certains pourraient par exemple servir dans un vieux puits pétrolier où subsistent 20 % du contenu initial, mais sous une forme difficile à pomper. Ils s'en régaleraient tout en dégageant du méthane – du gaz naturel – en guise de déchet.

Nous sommes sur le point de créer de nouvelles variétés de bactéries destinées à remplir certaines tâches. Si nous pouvions cultiver des souches capables de se nourrir des dépôts minéraux du régolithe martien et de recracher des PFC, elles transformeraient rapidement la planète en un lieu au climat beaucoup plus clément. Se contenter de bactéries existantes pour obtenir de l'ammoniac et du méthane suffirait à réchauffer nettement l'atmosphère en quelques dizaines d'années. Ce méthane et cet ammoniac protégeraient également des radiations solaires et cosmiques.

L'emploi de microorganismes qui n'existaient pas jusqu'ici comporte toutefois un risque : ils pourraient être difficiles à arrêter une fois lancés. Dans les années 1930, les fermiers américains reçurent des semences de kudzu pour lutter contre l'érosion du sol. Cette plante originaire d'Extrême-Orient est classée parmi les espèces invasives aux États-Unis. Ses vignes y étouffent aujourd'hui une grande partie du Sud.

Tout bien considéré, écraser des astéroïdes sur la surface de la planète ou créer des bactéries génétiquement modifiées émettant des gaz à effet de serre serait au mieux hasardeux. La démarche la plus simple et la plus élégante, au moins pour entamer le processus, consiste à réchauffer la région polaire à l'aide d'une voile solaire réfléchissant les rayons du soleil. La méthode pose principalement un problème de coût, mais n'impose pas d'avoir recours à une technologie que nous n'avons pas encore inventée.

Une fois Mars assez tiède pour que de l'eau coule, nous devrions pouvoir y acclimater des végétaux terriens rustiques qui profiteraient du taux élevé de dioxyde de carbone. En s'étendant, cette végétation commencerait à dégager des quantités significatives d'oxygène. Mais l'oxygène n'étant pas un gaz à effet de serre, il aura donc tendance à rafraîchir l'atmosphère. Du fait de sa ténuité, de la faiblesse du champ gravitationnel et de la dégradation progressive des gaz à effet de serre que nous introduirons, cette atmosphère nécessitera une maintenance et une régénération constante. De même que nous avons sur Terre des stations pour nettoyer et filtrer l'eau, les habitants de Mars devront disposer d'usines pour garder leur atmosphère dense et respirable.

Les interactions entre les nombreux processus à initier sur la planète rouge peuvent être à la fois bénéfiques et dangereusement imprévisibles. Pour conclure sur une note optimiste, plus nous liquéfierons de glace en eau libre et plus il y aura de bactéries capables de décomposer les nitrates et de libérer de l'azote – et plus l'atmosphère deviendra propice à la végétation qui l'enrichira à son tour en oxygène. Ces évolutions sont étonnamment synergiques.

Réveiller d'anciennes formes de vie

Une terraformation de Mars soulève des inconnues, dont la possibilité d'une résurrection d'anciennes formes de vie. Il devient difficile d'imaginer qu'il n'y en ait pas eu si l'on garde à l'esprit que la planète a possédé une dense atmosphère et que de l'eau y coulait, alimentant des rivières, des lacs et des océans importants. Nous n'avons découvert jusqu'ici aucune preuve de leur existence, mais le rover *Curiosity* a confirmé la présence des composants chimiques de base permettant leur apparition. Comme l'eau est l'ingrédient clé nécessaire à la vie telle que nous la connaissons, il est raisonnable de penser que Mars n'a pas toujours été aussi stérile qu'elle le paraît aujourd'hui.

En réalité, une théorie sur les débuts de la vie sur Terre implique directement la planète rouge. Dans la jeunesse du système solaire, quand des astéroïdes et des comètes le parcouraient en grand nombre, de gros morceaux de Mars ont été projetés dans l'espace. S'ils contenaient une forme de vie, elle aurait pu faire le trajet jusqu'à la Terre et trouver un nouveau foyer après l'impact. Nous avons la certitude que certains microorganismes peuvent supporter un tel voyage. La vie est apparue sur Terre à l'époque où de l'eau aurait coulé sur Mars et, si elle y est aussi apparue, c'est probablement plus tôt. En conséquence, de la vie martienne aurait pu ensemencer notre planète.

Mais l'hypothèse inverse possède aussi ses défenseurs. Au début de l'histoire de la Terre, des astéroïdes en ont aussi arraché des fragments. Notre lune pourrait en réalité résulter d'une collision avec un gros objet céleste. Trouver sur Mars de la vie de type terrien ouvrirait de fascinantes interrogations sur la synergie entre les deux planètes et l'éventuelle fécondation de l'une par l'autre. Plus important encore serait de découvrir des microorganismes vivants. Il s'agirait d'une incroyable aubaine pour des immigrants, parce que ces microorganismes seraient parfaitement adaptés aux conditions locales. Si l'eau redevenue liquide les ressuscitait en grand nombre, nous ne pouvons qu'imaginer les bénéfices pour l'atmosphère et des espèces végétales plus avancées. Même si les premières explorations ne révèlent aucun signe de vie sur Mars, nous ne saurons pas vraiment si elle existe avant que les rivières ne se remettent à couler. Alors seulement, nous apprendrons ce qui pourrait se tapir dans le régolithe, sous des rochers, dans des conduits thermaux en profondeur ou des aquifères souterrains réchauffés par géothermie.

Mars se réchauffant, les colons pourraient s'apercevoir un matin au réveil qu'ils marchent sur quelque chose ressemblant à de la mousse. S'il subsiste sur Mars une forme de vie qu'une élévation de la température peut régénérer, elle accélérerait sans doute l'évolution de l'environnement dans un sens favorable aux humains. Bien entendu, elle pourrait aussi se révéler extrêmement toxique, pénétrant jusqu'à la meilleure des combinaisons pour exterminer la totalité de la population. Mais ce que nous savons de la vie sur Terre suggère que ce scénario est improbable.

Une autre inconnue concerne la vie que nous apporterons sur Mars et la manière dont elle s'adaptera. Quel que soit le soin que nous mettrons à récurer notre vaisseau spatial avant le décollage, il restera probablement chargé d'auto-stoppeurs microscopiques. Il est même permis de douter de la stérilité des véhicules que nous avons déjà posés sur la planète rouge, parce que nous savons que les salles blanches où ils ont été assemblés n'étaient pas aussi propres que nous le pensions. D'une manière ou d'une autre, nous introduirons de la vie dans le paysage martien. Et il y a de fortes chances qu'elle trouvera un moyen de prospérer, surtout si de l'eau coule.

Terraformer Mars soulève des problèmes à court terme, comme la question du réchauffement, et d'autres à beaucoup plus long terme, comme la conversion d'un mélange de gaz toxique en atmosphère respirable par des humains. Le chapitre précédent se penche sur cette difficulté, mais elle mérite d'être envisagée dans le contexte de la terraformation, parce que se doter d'un air respirable est de loin le défi le plus ardu, le plus long à résoudre et le plus coûteux de tous ceux posés à des colonies humaines. Les individus et les groupes qui présentent Mars comme une nouvelle frontière peuvent se montrer à juste titre optimistes sur notre capacité à utiliser les technologies nécessaires pour réchauffer la planète et liquéfier la glace. Tant qu'il ne s'agit pas de fournir une atmosphère respirable, la terraformation de Mars dépend surtout du montant du capital que nous sommes prêts à y mettre d'emblée. Les techniques les plus rapides et les plus coûteuses pourraient apporter des changements radicaux en aussi peu de temps que quelques décennies. Mais oxygéner l'atmosphère ? La tâche risque de demander plus d'un millénaire.

Deux énormes difficultés se présentent. La première, c'est que l'air que les humains respirent sur Terre contient environ 21 % d'oxygène et 78 % d'azote, un mélange crucial. Quelques pour cent de moins d'oxygène et nous virons au bleu ; quelques pour cent de plus et nous endommageons nos bronches. L'azote ne fait que prendre de la place – il n'interagit pas avec notre système pulmonaire, et nous l'exhalons après l'avoir inhalé. Mais, en volume, c'est de loin ce que nous respirons en plus grande quantité. Des gaz inertes comme l'argon – ou un cocktail d'azote et d'argon – constituent sans doute notre meilleur espoir. En conséquence, il nous faut non seulement trouver suffisamment d'oxygène à insuffler dans l'atmosphère martienne, composée à 95 % de CO_2, mais nous devons aussi remplacer la majeure partie du CO_2 existant par un gaz inerte. Et pour compliquer encore les choses, même si nous nous montrons capables de réajuster l'atmosphère de Mars, diminuer la proportion de dioxyde de carbone aura tendance à entraîner un refroidissement. L'oxygène, l'azote ou un autre gaz inerte ne créent pas un environnement à effet de serre. Sur Terre, de grandes quantités de vapeur d'eau, entre autres facteurs, limitent la diffusion de la chaleur. Par exemple, quand nous aurons suffisamment réchauffé Mars pour que la glace fonde, l'atmosphère devrait se charger de vapeur d'eau. Il devrait pleuvoir et neiger.

Les stratégies envisagées par les scientifiques et les ingénieurs pour oxygéner Mars sont de loin plus fragiles et moins précises que leurs autres propositions sur la terraformation. Les technologies nécessaires pour créer une atmosphère respirable n'existent pas toutes. Nous pouvons faire de bonnes suppositions sur la manière d'y parvenir, mais sans certitude que nos efforts aboutiront au premier essai. Et nous devons nous montrer très prudents dans notre approche, parce que si nous nous trompons, nous ne serons peut-être pas capables de défaire ce que nous avons fait.

Même les plus optimistes des scénarios de réingénierie de l'atmosphère martienne prévoient qu'elle prenne neuf siècles. Pourtant, dans ce laps de temps, les êtres humains vont probablement faire de formidables progrès, et il est raisonnable de penser que nous atteindrons notre but. Un peu moins de cinquante ans seulement nous séparent de l'alunissage d'*Apollo 11*. Notre base de connaissances doublant régulièrement, nous aurons d'ici deux ou trois siècles une bien meilleure maîtrise du problème. Et un catalyseur entre dans le cocktail : nos capacités en matière de génie génétique, en particulier dans le domaine végétal, évoluent à la vitesse de l'éclair. Autant les organismes génétiquement modifiés effraient sur Terre, autant ils pourraient répondre à nos besoins pour créer sur Mars l'atmosphère qui nous est nécessaire.

Revenons sur ce que nous savons de la transformation de cette atmosphère. La planète se réchauffant, de l'eau redevenue liquide hydratera des dépôts de nitrates et dégagera de l'azote, essentiel à la croissance des plantes. Et plus celles-ci pousseront, et plus il y aura d'oxygène. L'eau en libérera également en décomposant des oxydes du régolithe. Principalement composée d'oxyde de fer, la poussière rouge qui recouvre Mars piège de vastes quantités d'oxygène.

Pour en dégager, de petites machines alimentées par un réacteur nucléaire pourraient se déplacer en surface pour pelleter et chauffer cette poussière. (Mais c'est pousser le bouchon un peu loin que d'imaginer mettre en service près d'un million d'espèces de tondeuses à gazon consommant énormément d'énergie.) L'idée de Robert Zubrin semble meilleure : entamer le processus avec des bactéries et des végétaux primitifs afin de préparer le terrain à des plantes plus avancées qui produiraient bien plus d'oxygène.

Les végétaux sont sensibles aux radiations solaires et cosmiques, mais avec le réchauffement de la planète, l'atmosphère gagnera en densité, même si c'est de gaz carbonique, ce qui réduira considérablement les dommages. Comme nous l'avons expliqué dans le chapitre précédent, la présence massive de CO_2 est un handicap pour les êtres humains, mais pourrait se révéler une aubaine pour les plantes qui s'en nourrissent. Le défunt physicien Richard Feynman aimait dire que les arbres ne sont pas réellement des plantes de sol – c'est l'air qui les fait pousser. Ils dépendent principalement du soleil et du dioxyde de carbone pour se développer. Des végétaux devraient prospérer dans l'environnement martien, et nos capacités en génie génétique devraient nous permettre d'en créer des variétés qui poussent bien mieux et bien plus vite sur Mars que n'importe où ailleurs. Au bout du compte, la génétique pourrait être la clé d'un air respirable. Nous ne pouvons toutefois pas espérer que des plantes telles que nous les connaissons suffisent – des modifications radicales s'imposent pour les adapter à un environnement soumis à des radiations plus intenses, moins riche en azote et où la pression atmosphérique est plus faible.

La végétation n'offre qu'une partie de la solution. Notre aptitude à créer génétiquement des bactéries et autres microorganismes augmente rapidement et nous devrions parvenir à produire de nouvelles formes de vie qui consomment ce dont nous n'avons pas besoin sur Terre, comme le CO_2, et rejeter ce qui nous intéresse – à savoir, de l'oxygène et de l'azote.

Les pronostics selon lesquels tout cela demandera mille ans ne tiennent pas compte des avancées scientifiques et technologiques prévisibles. MAVEN, la sonde de la NASA, est entrée en orbite martienne en septembre 2014. Elle est conçue pour étudier la haute atmosphère et l'ionosphère afin de préciser à quel rythme le vent solaire continue d'arracher du gaz à l'attraction de la planète. Pendant au moins un an, nous tenterons de découvrir ce qui s'est passé pour que Mars, jadis humide et tiède comme nous le savons, devienne un monde aride et gelé. MAVEN pourrait nous en apprendre beaucoup.

Une certitude, c'est que notre connaissance de la planète rouge croît à une vitesse exponentielle. Notre capacité à créer des formes de vie augmente rapidement. Nous devenons plus intelligents plus vite. Pensez à ce que nous savions de la biologie et de la chimie il y a trois cents ans, au début du XVIIIe siècle. Puis imaginez ce que nous saurons dans trois cents ans, au début du XXIVe siècle. La majeure partie de nos connaissances actuelles paraîtra désuète.

Transformer Mars ou transformer l'homme ?

Nous devenons bons dans la manipulation des gènes à l'intérieur des cellules. Notamment, nous parvenons à en enlever certains et à en ajouter d'autres. Nous gagnons en habileté dans l'utilisation de virus capables de pénétrer dans les noyaux cellulaires humains pour modifier le codage génétique. Jusqu'à présent, nous avons utilisé cette technique dans le but de soigner des maladies. Mais avant longtemps – d'ici peut-être cinquante ans – nous serons en mesure d'aller jusqu'à modifier des êtres humains. Nous avons déjà commencé, par de nombreuses manières passant inaperçues. Et la nature le fait depuis longtemps. Jusqu'à 8 % de notre code génétique proviennent de virus qui s'en sont pris à notre organisme au cours de notre longue évolution, se sont frayé un chemin au sein de nos cellules et y ont modifié l'ADN pour favoriser leur reproduction. Nous imitons ce processus naturel pour intervenir à l'intérieur de cellules humaines. Une entreprise de San Diego baptisée Celladon a entamé des essais de phase 2 d'agrément de la FDA pour un procédé de reprogrammation génétique de cellules cardiaques chez des malades dont le cœur ne pompe pas avec suffisamment d'efficacité. N'y aurait-il pas là une idée à développer pour Mars : pourquoi ne pourrions-nous pas rendre nos poumons ou nos cellules sanguines capables de détacher l'atome de carbone des molécules de CO_2 ?

Il semble naïf de croire que nous n'aurons pas acquis cette capacité d'ici trois siècles.

Ainsi, savoir comment nous allons survivre sur Mars ne dépend peut-être pas de la façon dont nous adapterons la planète mais de de la façon dont nous adapterons notre métabolisme. Aussi effrayant que cela paraisse, c'est déjà à notre portée. Nous l'acceptons sans restriction quand il s'agit de soigner des maladies ou de nous y rendre plus résistant. Nous atteignons rapidement un point où ce sera l'espèce humaine qui contrôlera sa propre évolution et non plus la nature. Nous n'avons aucune raison de ne pas nous servir de cette connaissance pour rendre notre planète de secours plus agréable à vivre.

« Je pense que les astronautes seront améliorés au moyen de la thérapie génique, dit Angelo Vermeulen. Le corps humain n'est pas fait pour les voyages dans l'espace. Nous savons que certaines personnes sont moins affectées par les radiations que d'autres. Nous allons trouver pourquoi et modifier nos gènes pour pouvoir nous adapter. »

Peut-être n'arriverons-nous pas à modifier des êtres humains dans le cours de leur existence pour les rendre capables de respirer une atmosphère à base de dioxyde de carbone, mais je m'attends à ce que nous parvenions à modifier génétiquement des ovules et des spermatozoïdes pour obtenir ce résultat chez nos descendants. Le génie génétique n'est pas un fantasme. Il arrive. Et en attendant, pendant que nos techniques de terraformation s'améliorent, nous pouvons progresser en parallèle dans ce domaine de manière à atteindre un point où l'atmosphère de Mars ne contiendra plus que 40 % de CO_2 et où ce sera devenu respirable pour des humains modifiés.

Transformer l'humanité paraîtra à certains plus fantastique que transformer une planète, mais des deux, c'est de loin ce dont nous sommes les plus capables aujourd'hui. Il peut être angoissant de savoir que nous détenons désormais des pouvoirs considérés depuis toujours comme des attributs divins, mais le génie est sorti de la lanterne. Il nous faut assumer ces pouvoirs pour survivre.

8 La prochaine ruée vers l'or

Malheureusement, la raison finale pour laquelle les êtres humains essaieront de transformer Mars pour y vivre sans combinaison pressurisée ni masque à oxygène n'a rien à voir avec le fait que nous sommes en train de détruire notre planète natale, ni avec la conscience qu'un jour un Soleil mourant la dévorera ou la projettera hors de son orbite et qu'il nous faut avant devenir une espèce spatiale. Des gens se lanceront dans l'aventure pour la même raison que des Espagnols partirent au Nouveau Monde ou que des fermiers prospectèrent à Sutter's Mill en Californie[3] : pour faire fortune. Comme pour toutes les nouvelles frontières précédentes, le progrès aura pour moteurs l'espoir d'un nouveau départ et l'appât du gain. Certains de ceux qui s'enrichiront avec cette frontière y parviendront simplement en aidant les autres à l'atteindre. Pour Elon Musk, SpaceX s'inscrit clairement dans cette démarche. Il a déjà calculé le prix d'un aller simple pour Mars.

Après que les colons des deux ou trois premières grandes vagues l'auront exploré sans découvrir d'or dans les lits de ses anciens cours d'eau, ils pourraient porter leur attention sur une information enfouie au sein d'un des sites Web de la NASA : « La richesse minérale présente dans la ceinture d'astéroïdes située entre les orbites de Mars et de

3 N.D.T. : scierie dont l'un des employés découvrit de l'or en 1848, déclenchant la célèbre ruée.

Jupiter équivaudrait actuellement à environ cent milliards de dollars par habitant de la Terre. » Si cette ceinture d'astéroïdes est extraordinairement riche en métaux, ils sont extrêmement difficiles à extraire depuis la Terre, en partie parce que vaincre la gravité lors des lancements de fusées coûte horriblement cher. Mais Mars possède une faible gravité, ce qui rendrait relativement bon marché l'envoi de véhicules jusqu'aux astéroïdes. Autre avantage, la distance est bien moindre. Lorsqu'elle aura des colonies bien établies, la planète rouge offrira une base permettant une exploitation nettement plus commode et économique de ces astéroïdes.

Musk pense néanmoins qu'elle restera trop coûteuse si les métaux ont pour destination la planète mère et que la population martienne vivra plutôt d'un commerce local simple. « Le fondement économique d'une colonie imitera ce que font les gens sur Terre, depuis créer une aciérie jusqu'à ouvrir un Pizza Hut. Quant aux envois sur Terre, à mon avis, il s'agirait principalement de propriété intellectuelle. Ce serait donc du divertissement, du logiciel informatique ou quelque chose de transportable avec des photons plutôt qu'avec des atomes. Toute marchandise transportée avec des atomes aurait besoin de posséder une incroyable valeur au poids tant les frais de transport seraient élevés... Dans l'architecture que j'ai en tête, le chargement de retour [dans des vaisseaux au départ de Mars] est moindre que celui de l'aller. Parce que, pour revenir, vous n'avez que votre vaisseau – pas de lanceur. »

Néanmoins, nous risquons d'avoir besoin de ces astéroïdes beaucoup plus tôt que quiconque ne l'imagine. Avec une population humaine qui approche des huit milliards de personnes, nous sommes en train de manquer de métaux importants – même de métaux de base que nous prenons pour acquis, comme le cuivre. Beaucoup de ceux que nous trouvons dans l'écorce terrestre seront probablement bientôt épuisés. Presque toutes les ressources aisément accessibles en or, argent, cuivre, étain, antimoine et phosphore seront sans doute épuisées d'ici cent ans. Il est assez ironique que les métaux et minéraux les plus importants pour la fabrication et la production de matériel électronique proviennent en fait d'astéroïdes. Le nickel, le palladium, le molybdène, le cobalt, le rhodium et l'osmium présents à la formation de notre planète, quand elle n'était qu'une boule de matière en fusion, se sont enfoncés en son centre. L'attraction gravitationnelle a attiré ces éléments dans le noyau. Quand la Terre a commencé à refroidir et son écorce à se solidifier, les modalités de formation du système solaire ont provoqué une pluie d'astéroïdes. Ils contenaient la plupart des métaux rares et semi-rares que nous extrayons aujourd'hui pour fabriquer nos appareils modernes.

La NASA et de nombreux opportunistes privés de l'industrie spatiale ont déjà anticipé le marché ouvert à ces métaux tirés de la ceinture d'astéroïdes, mais tout le monde n'a pas perçu qu'il serait beaucoup plus logique de les exploiter depuis Mars. La planète rouge et la planète naine Cérès offriraient des bases idéales d'où mener ces opérations minières, des vaisseaux cargos sacrifiables assurant la livraison sur Terre par des orbites de transfert de Hohmann, un trajet à coût réduit mais long de plusieurs mois (ou sur Mars elle-même pour fournir les matériaux indispensables à l'établissement et à l'entretien des colonies). Pas besoin d'un gros effort d'imagination pour envisager des navettes régulières de vaisseaux miniers entre les astéroïdes et la planète rouge. Là, des usines transformeraient métaux et éléments rares en produits finis exotiques, ensuite expédiés sur Terre. Imaginez-vous regarder un iPhone 30 et lire ces mots : « made on Mars ».

Les astéroïdes représentent un pactole. Un astéroïde de type S de quinze mètres de long (ils sont pour plus de 15 % de type S) pourrait contenir plus d'un demi-million de tonnes de nickel, d'or, de platine, de rhodium, de fer et de cobalt. Ceci n'est pas passé inaperçu. Une société réorganisée en 2012 et rebaptisée Planetary Resources Inc. a pour objectif l'exploitation minière d'astéroïdes. Parmi les investisseurs figurent Larry Page, l'un des fondateurs de Google, et Eric Schmidt, qui en a été le P.-D.G. Deep Space Industries, créée en 2013, a suivi cette nouvelle voie. Son site Web ressemble actuellement à un décor de film de science-fiction, avec des illustrations de CubeSats[4], de véhicules d'exploration et d'immenses vaisseaux miniers assemblés dans l'espace et voués à ne jamais pénétrer l'atmosphère d'une planète. John S. Lewis, le responsable scientifique de Deep Space, a enseigné au MIT et à l'université de l'Arizona. Il est l'auteur de *Mining the Sky: Untold Riches from the Asteroids, Comets, and Planets*[5]. Tout cela a beau ressembler un peu à de la science-fiction, c'est très sérieux. La NASA a engagé Deep Space pour des services de conseil sur l'exploration des astéroïdes. L'entreprise développe aussi un petit vaisseau spatial pour explorer des sites miniers potentiels. Elle projette un premier forage en 2023. La NASA prévoit elle-même d'envoyer d'ici là une capsule habitée *Orion* jusqu'à un astéroïde.

---

4 N.D.T. : nanosatellites cubiques répondant à un format standard les rendant économiques à mettre en orbite.

5 N.D.T. : *Exploiter le ciel : richesses cachées des astéroïdes, des comètes et des planètes.*

Quand une base martienne deviendra raisonnablement fonctionnelle, elle attirera la foule. Un simple coup d'œil au nombre extraordinaire de gens qui s'expatrient chaque année révèle qu'une grande part de la population terrestre veut aller là où l'avenir paraît plus radieux. C'est une composante de l'esprit humain.

À titre d'exemple, on a rarement conscience de la vitesse à laquelle se sont développées les colonies américaines. En 1620, le *Mayflower* débarquait cent deux passagers à Plymouth, dans le Massachusetts. Dix ans plus tard, Boston existait en tant que ville. En 1640, plus de trente mille nouveaux candidats à l'aventure avaient franchi l'océan, la plupart se dispersant vers l'ouest. Jamestown, la première implantation permanente en Amérique, comptait cent quatre colons à sa fondation en 1607. Il n'en restait que trente-cinq l'année suivante pour accueillir le premier bateau d'approvisionnement. Mais en 1622, peu après l'arrivée du *Mayflower*, la Virginie comptait mille quatre cents habitants. La colonie de Mars ne grandira peut-être pas aussi vite, mais la durée d'une traversée de l'Atlantique en bateau au XVIIe siècle est comparable au temps que mettra un vaisseau spatial pour atteindre la planète rouge. Et le coût, en termes relatifs, n'est pas si différent.

Mars deviendra la nouvelle frontière, le nouvel espoir et la nouvelle destination de milliers de Terriens prêts à presque tout pour profiter des opportunités qui les y attendent.

Toute discussion sur la colonisation de Mars se doit de reconnaître la pente savonneuse menant du besoin à l'avidité. Bien qu'il n'y ait pas de population indigène à écraser, nous pourrions assister à une ruée sans frein sur les ressources matérielles, à la dévastation de l'environnement, à la destruction de sites précieux pour la recherche scientifique et même à la tentation d'un retour à la servitude sous contrat[6]. Le traité de l'Espace de 1967 et ses successeurs ont tenté de faire des territoires extraterrestres un bien commun. Mais les êtres humains ont prouvé qu'il ne leur suffisait pas qu'existent des lois régissant leur comportement. Ils ont aussi besoin qu'on les fasse respecter.

Si nous nous y prenons mal, si nous répétons les erreurs du passé, les conséquences pourraient être dévastatrices. Mais si nous nous y prenons bien, les bénéfices potentiels pour l'avenir de l'humanité sont étourdissants.

---

6 N.D.T. : une forte proportion des premiers immigrants européens en Amérique du Nord « payaient » leur traversée en s'engageant à effectuer plusieurs années de travail sans salaire. Cette forme de contrat a donné lieu à de nombreux abus.

9 L'ultime frontière

Il y a un petit peu moins de cinq cents ans, Fernand de Magellan fit cap à l'ouest avec cinq caraques, partant à la découverte d'océans et de terres qu'aucun Européen n'avait jamais encore vus. Sa mission consistait à trouver une nouvelle route vers l'Asie, mais l'issue du voyage était loin d'être assurée. Malgré les expéditions exploratoires effectuées auparavant, entre autres par Christophe Colomb, personne ne savait si un navire pouvait passer de l'Atlantique au Pacifique. La flotte emportait des vivres pour deux ans, la circumnavigation allait en prendre trois. Tous les bâtiments, sauf un, disparurent ou sombrèrent. De nombreux membres d'équipage moururent et des indigènes hostiles tuèrent Magellan lui-même dans les Philippines. Souvent, seule l'ingéniosité permettait de survivre dans ces conditions difficiles.

Ce voyage changea tout. Il marqua l'aube de l'âge des Grandes Découvertes. Des liens s'établissant entre des continents et des civilisations situés de part et d'autre des océans, la Terre prit fondamentalement une dimension deux fois plus vaste. De nouvelles ressources dépassant l'imagination devinrent soudain accessibles. Les gens n'étaient plus seulement les résidents d'une ville ou d'une petite région, mais ceux d'une planète tout entière. Des distances qui avaient paru incommensurables rétrécirent. Des empires naquirent et moururent. De vieux mondes et de nouveaux mondes entrèrent en collision. Des plantes, des êtres humains, des maladies et des cultures se dispersèrent. Le maïs arriva en Europe et le cheval aux Amériques. Certaines économies prospérèrent ; d'autres furent détruites. Et chacun put avoir une vue plus étendue d'un monde devenu plus ramassé et plus divers.

Aller sur Mars fera paraître l'âge des Grandes Découvertes comme un minuscule événement de l'histoire humaine. Notre monde comprendra soudain l'ensemble d'un système solaire au lieu d'une seule planète. Appliquer nos compétences en géo-ingénierie à une planète entière leur donnera un formidable essor. Des routes commerciales qui auraient semblé inconcevables aux générations précédentes s'ouvriront. La Terre obtiendra les métaux dont elle a désespérément besoin et la connaissance technique qui pourrait fort bien sauver son environnement. Savoir qu'une nouvelle vie est possible ailleurs donnera de l'espoir à des millions de personnes.

Nous devons travailler avec acharnement et dévouement à sauver notre planète natale – à ce que nous en savons, il n'existe tout simplement rien de comparable nulle part. La contempler de loin rend plus clair à quel point elle est fragile. Ce halo bleu extrêmement fin qui l'entoure ? C'est la totalité de notre atmosphère respirable. La majeure partie de notre oxygène se trouve dans les premiers mille cinq cents mètres de notre ciel. Un panorama complètement différent de la Terre, depuis un point de vue privilégié, inspirera peut-être des centaines de milliers de personnes. Nous percevrons et apprécierons plus largement la manière dont tout est lié dans une écologie finie. Les êtres humains pourraient y gagner une compréhension bien plus sophistiquée du sens de la vie.

Nous rendre sur Mars risque de nous ouvrir les yeux sur la réalité profonde de notre planète. Nous ne devons jamais perdre cette perspective de vue.

Mais ne pouvons-nous pas faire les deux ? Ne pouvons-nous pas devenir une société spatiale tout en trouvant sur Terre un véritable équilibre avec la nature ? Les expériences de terraformation menées sur Mars ne peuvent-elles pas nous enseigner comment mieux servir notre monde natal ? Ne pouvons-nous pas apprendre de nos erreurs passées qui ont entraîné la destruction et la déstabilisation d'autres civilisations avec l'arrivée massive de colons ? Notre nouvel âge des Grandes Découvertes ne pourrait-il pas être un âge d'espoir qui révélerait le meilleur de l'esprit humain tout en assurant la préservation notre espèce – de ses incroyables succès culturels – et en nous projetant loin dans le futur ?

REMERCIEMENTS

J'exprime toute ma gratitude à Chris Anderson pour m'avoir poussé à écrire ce livre alors que j'aurais préféré passer plus de temps à faire voler des quadrirotors avec lui ; à Michelle Quint pour son brillant travail d'édition structurelle ; à Alex Carp qui s'est employé sans relâche à vérifier la véracité de mes informations ; à John House pour avoir trouvé d'étonnantes friandises intellectuelles martiennes sur d'obscurs sites Web ; à Juan Enriquez pour ne m'avoir jamais laissé oublier ce que les êtres humains peuvent accomplir ; et à ma chère épouse, Chee Pearlman, pour m'avoir constamment soutenu même si elle pense que les gens ont mieux à faire de leur temps que d'aller sur Mars.

CRÉDITS PHOTOGRAPHIQUES DANS L'ORDRE

NASA/Lewis Research Center
Courtesy of Bonestell LLC
Courtesy of Bonestell LLC
NASA/JPL-Caltech/MSSS
NASA/JPL-Caltech/MSSS
Courtesy of SpaceX
Courtesy of SpaceX
Courtesy of SpaceX
Courtesy of SpaceX
Courtesy of SpaceX
NASA/JPL-Caltech
NASA/JPL-Caltech/University of Arizona
NASA/JPL-Caltech/ University of Arizona
NASA/JPL/University of Arizona
NASA/JPL-Caltech/ University of Arizona
© ESA/DLR/FU Berlin (G. Neukum)
NASA/JPL-Caltech/LANL/CNES/IRAP/LPGNantes/CNRS/IAS/MSSS
NASA/JPL-Caltech/MSSS
NASA/JPL-Caltech/ University of Arizona
NASA/JPL-Caltech/MSSS
NASA/JPL-Caltech/MSSS/TAMU
NASA/JPL/University of Arizona

À PROPOS DE L'AUTEUR

STEPHEN PETRANEK, au cours d'une carrière de plus de quarante ans dans le monde de l'édition, a reçu de nombreux prix pour d'excellents écrits, entre autres sur la science, la nature, la technologie, la politique et l'économie. Il a été le rédacteur en chef du plus important magazine scientifique du monde, *Discover*; rédacteur du magazine du *Washington Post* ; fondateur et rédacteur en chef du magazine *This Old House* pour Time Inc. ; rédacteur en chef pour la science du magazine *Life* et responsable de publication de dix magazines historiques du Weider History Group. Sa première conférence pour Ted, *10 Ways the World Could End* (« 10 manières dont le monde pourrait finir »), a été regardée plus d'un million de fois. Il est actuellement rédacteur de *Breakthrough Technology Alert*, lettre d'information pour laquelle il déniche les opportunités d'investissement qui créent de la valeur réelle et font progresser l'espèce humaine.

RETROUVEZ LA CONFÉRENCE TED DE STEPHEN PETRANEK

Disponible gratuitement sur TED.com, la conférence TED de Stephen Petranek accompagne *Comment nous vivrons sur Mars*.

Courtesy of TED

CONFÉRENCES SUR LE MÊME THÈME SUR TED.COM

BRIAN COX

Pourquoi avons nous besoin des explorateurs ?

En période de difficultés économiques, nos programmes scientifiques exploratoires – des sondes spatiales à l'accélérateur de particules LHC – sont les premiers à subir des coupes budgétaires. Brian Cox explique comment la science mue par la curiosité, source d'innovation et d'une appréciation approfondie de l'existence, est rentable.

BURT RUTAN

Le véritable avenir de l'exploration spatiale

Dans cette conférence passionnante, le légendaire concepteur aérospatial Burt Rutan étrille la stagnation du programme spatial financé par le gouvernement américain et demande aux entrepreneurs de prendre le relais de la NASA.

ELON MUSK

L'esprit derrière Tesla, SpaceX, SolarCity...

L'entrepreneur Elon Musk est un homme aux nombreux projets. Le fondateur de Paypal, Tesla Motors et SpaceX partage avec Chris Anderson, le conservateur de TED, des données sur ses initiatives visionnaires qui concernent une voiture électrique pour le marché de masse, une société de crédit-bail pour l'énergie solaire et une fusée intégralement réutilisable.

STEPHEN PETRANEK

10 manières dont le monde pourrait finir

Quelle fin pourrait connaître l'espèce humaine ? Stephen Petranek expose dix hypothèses terrifiantes et leur fondement scientifique. Serons-nous anéantis par un astéroïde ? Par un effondrement écologique ? Et pourquoi pas un collisionneur de particules hors de contrôle ?

TED BOOKS

Les TED Books sont de petits livres qui traitent de grandes idées, assez courts pour être lus d'un trait, mais suffisamment longs pour développer un sujet. La collection couvre un large champ, de l'architecture aux affaires, en passant par l'astronomie et l'amour. Elle convient parfaitement aux esprits curieux qui ont la passion d'apprendre.

Chaque TED Book va de paire avec un TED Talk disponible sur ted.com. Là où la conférence s'arrête, le livre prend le relais. Une présentation de dix-huit minutes peut planter une graine ou éveiller l'imagination, mais engendre souvent le besoin d'approfondir, d'apprendre davantage, de raconter une plus longue histoire. Les TED Books répondent à ce besoin.

À PROPOS DE TED

Organisation à but non lucratif, TED a pour objet de propager des idées, sous forme d'exposés plus ou moins longs (18 minutes ou moins), mais également dans des livres, des animations, des émissions radiophoniques et des événements. Né en 1984 à l'occasion d'une conférence où convergeaient la technologie, le divertissement et le design, TED aborde aujourd'hui presque tous les sujets dans plus de cent langues.

TED est une communauté mondiale qui accueille des personnes de toutes disciplines et cultures en quête d'une compréhension plus profonde du monde. Nous croyons passionnément au pouvoir des idées pour changer des comportements, des existences, et finalement notre avenir. Sur ted.com, nous construisons un centre de distribution de la connaissance gratuit, provenant des penseurs les plus inspirés d'aujourd'hui – et une communauté d'âmes curieuses prêtes à engager le dialogue. Notre grande conférence annuelle réunit des maîtres dans tous les domaines afin qu'ils échangent leurs points de vue. Notre programme TEDx permet à des communautés du monde entier d'organiser leurs propres manifestations tout au long de l'année. Et notre Open Translation Project donne les moyens à ces idées de franchir les frontières.

En fait, tout ce que nous faisons – de l'émission TED Radio Hour jusqu'aux projets initiés par le prix TED, des manifestations TEDx jusqu'aux séries de cours TED-Ed – ne répond qu'à cette question : comment pouvons-nous au mieux diffuser de grandes idées ?

TED appartient à une fondation apolitique.

EN LIBRAIRIE EN FÉVRIER 2016

EN LIBRAIRIE EN AVRIL 2016

PAPIER À BASE DE FIBRES CERTIFIÉES

MARABOUT
s'engage pour l'environnement
en réduisant l'empreinte carbone
de ses livres.
Celle de cet exemplaire est de :
400 g éq. CO_2
Rendez-vous sur
www.marabout-durable.fr

Achevé d'imprimer en mars 2016 sur les presses de Graficas Estella
en Espagne pour le compte des éditions Hachette Livre (Marabout).
58, rue Jean-Bleuzen, 92160 Vanves Cedex.
Dépôt légal avril 2016.

ISBN : 978-2-501-11369-4
6982485

Imaginez la vie sur Mars…

L'hémisphère nord se distingue par de vastes plaines sableuses en partie composées d'oxydes de fer rouges. Près de l'équateur, le canyon déchiqueté Valles Marineris, presque aussi large que les États-Unis, possède une profondeur de près de 8 km.

CI-DESSUS : une couverture du magazine *Collier's* déclencha en 1954 l'intérêt du public pour l'exploration spatiale.

CI-CONTRE : cette image d'un atterrissage sur Mars date de 1954. L'illustrateur du magazine s'est inspiré du travail de l'ingénieur et officier SS allemand Wernher von Braun.

Bonestell and Miller

CI-CONTRE : le rover *Curiosity* prend un *selfie* composite tout en perçant un rocher dans une formation gréseuse connue sous le nom de Windjana.

PAGES SUIVANTES : empreintes des roues de *Curiosity* sur une dune martienne.

SPACEX
DRAGON

CI-CONTRE : SpaceX a conçu le vaisseau *Dragon* pour transporter du personnel et du fret en orbite terrestre. Son P.-D.G., Elon Musk, a en tête un astronef beaucoup plus gros et complexe pour un voyage sur Mars.

CI-DESSUS : le *Crew Dragon*, le vaisseau de SpaceX de prochaine génération, pourra emmener sept astronautes. Son lancement est prévu en 2017 dans le cadre du programme Commercial Crew de la NASA. Inspiration Mars, une organisation à but non lucratif fondée par Dennis Tito, se propose de l'utiliser en 2021 avec à son bord un couple marié pour une mission de survol de Mars de 580 jours.

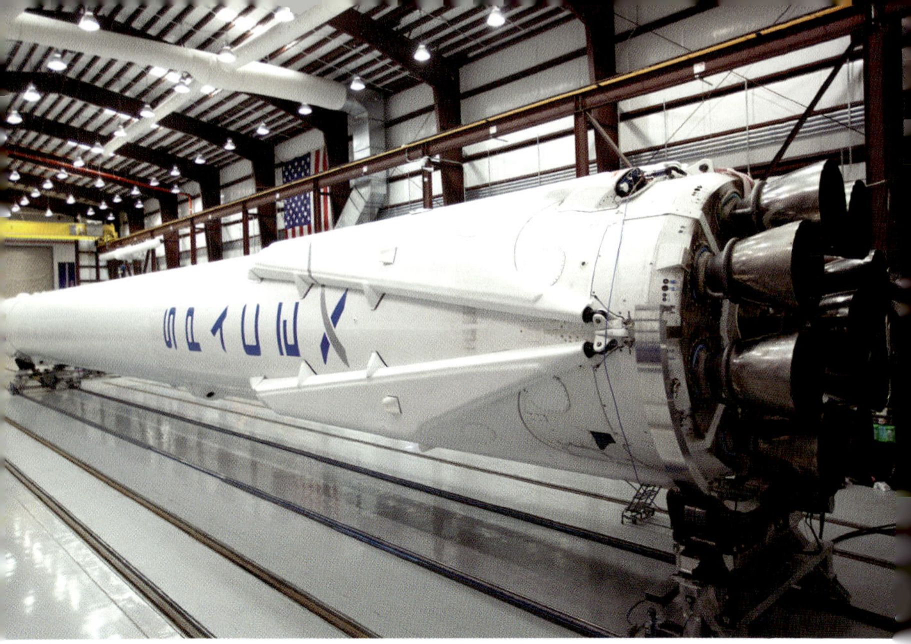

CI-DESSUS : le lanceur *Falcon 9 (photo)* et la capsule *Dragon* de SpaceX ont accompli six navettes d'approvisionnement entre la Terre et la Station spatiale internationale au cours des trois dernières années. Actuellement en développement, le *Falcon Heavy* sera la plus puissante des fusées en opération, capable de propulser un vaisseau habité jusqu'à la Lune, et même Mars.

CI-CONTRE : un *Falcon 9* décolle grâce à la poussée des neuf moteurs Merlin, conçus par SpaceX, de son premier étage. Il peut en perdre jusqu'à deux et achever tout de même sa mission.

PAGES SUIVANTES : quand la capsule *Dragon* de SpaceX s'est amarrée pour la première fois à la Station spatiale internationale en 2012, elle a démontré que des sociétés privées pouvaient accomplir des prouesses aérospatiales jusqu'ici réservées à des gouvernements.

SPACEX

CI-CONTRE : le cratère Victoria, large de 750 m, contient tant d'informations géologiques que le rover de la NASA *Opportunity* a passé presque un an à l'intérieur, examinant les couches rocheuses exposées. Elles ont fourni la preuve qu'un vaste réseau d'eau superficielle a façonné le paysage martien à une époque reculée.

CI-DESSUS : la NASA suit les variations saisonnières et annuelles des vents martiens en surveillant des champs de dunes actifs comme celui-ci. La distance entre les sommets des dunes peut atteindre 1 km.

CI-CONTRE : sous l'effet du vent, les dunes de ce cratère ont pris une forme en V évoquant un vol d'oiseaux migrateurs.

PAGES SUIVANTES : ce paysage accidenté de la région au nom magique de Noctis Labyrinthus montre un réseau de crêtes blanches qui contrastent avec des dunes de sable noir. Ces dunes, que le vent déplace à la surface de planète, tirent leur teinte sombre de matériaux riches en fer présents dans les roches volcaniques. Le quartz domine dans les dunes claires de la Terre.

CI-CONTRE : de l'eau solidifiée constitue la majeure partie de la calotte glaciaire du pôle Nord, prouvant clairement que la planète recèle le liquide (gelé) de la vie.

PAGES SUIVANTES : mare de glace d'eau dans un cratère de 35 km de diamètre proche du pôle Nord.

CI-DESSUS : le 25 mai 2014, le rover *Curiosity* a repéré cette météorite de fer de 2 m de large, baptisée « Lebanon ».

CI-CONTRE : les déblais autour de ce trou de carottage ressemblent à de la litière pour chat, et pour une bonne raison : ils contiennent de la smectite utilisée sur Terre à cet effet. Un sol riche en smectite possède une bonne capacité d'absorption et peut servir de support à la vie végétale.

CI-CONTRE : les ravins martiens sont surtout recouverts de givre de dioxyde de carbone solidifié (glace sèche), mais une pointe de H_2O confirme qu'il y a de l'eau sur la planète.

CI-DESSUS : les strates sédimentaires du Mount Sharp témoignent de millions d'années d'histoire géologique.

PAGE SUIVANTE : le minuscule point blanc à gauche du centre est la Terre.

CI-DESSUS : ombres et lumière accentuent les reliefs d'un drâ, la plus importante forme d'accumulation de sable sous l'effet des vents martiens. Celui-ci possède une longueur d'onde de plus 800 m et sa formation a probablement pris au moins des milliers d'années.

"En vérité, il est possible d'atteindre Mars depuis au moins trente ans." **Stephen L Petranek**